Seminare, Trainings und Workshops lebendig gestalten

Andrea Lienhart

HAUFE.

Inhalt

Vorwort

Den Entschluss, als Trainerin zu arbeiten, habe ich vor vielen Jahren gefasst und umgesetzt. Bis heute habe ich ihn noch nie bereut. Ich liebe meinen Beruf: das Arbeiten mit unterschiedlichsten Menschen und deren Begleitung auf dem Weg zu ihren Zielen, die Einblicke in Unternehmen und deren jeweilige Kultur, die immer wieder spannende Auseinandersetzung mit neuen Inhalten und Vorgehensweisen. Dies und vieles mehr macht den Trainerberuf aus. Und genau diese Vielseitigkeit ist es auch, warum so viele in den Trainingsmarkt drängen. Er ist mittlerweile riesig. Etablieren können sich dort nur diejenigen, die ihre Aufgabe mit Leidenschaft erfüllen und die Bereitschaft mitbringen, sich stetig weiterzuentwickeln und sowohl an ihren Erfolgen als auch an Fehlern zu wachsen. Gute Trainerinnen und Trainer schaffen es, Menschen mitzureißen und zu begeistern, sie von neuen Ideen und Konzepten zu überzeugen und sie dort abzuholen, wo diese gerade stehen. Glücklicherweise ist all dies kein Hexenwerk; und auch den „geborenen" Trainer gibt es nicht. All das lässt sich mit einer ausreichenden Portion Gespür für die Ziele und Wünsche der Kunden und der richtigen Planung und Konzeption erreichen.

Wie es gelingt, zeige ich Ihnen in diesem TaschenGuide, der meine Erfahrungen aus vielen Train-the-Trainer-Ausbildungen enthält, und Sie – so hoffe ich – auf Ihrem Weg ein gutes Stück begleitet und unterstützt. Viel Erfolg dabei wünscht Ihnen

Andrea Lienhart

Traumjob Trainer?

Sie überlegen, sich als Trainer selbstständig zu machen? Sie sind neu in der Branche und wissen noch nicht so recht, wie Sie sich positionieren können? Sie wurden von Ihrem Chef dazu auserkoren, Kunden, Mitarbeiter oder Kollegen zu schulen? Keine Panik – das Trainersein kann man trainieren.

In diesem Kapitel erfahren Sie u. a.,

- warum es den perfekten Trainer nicht gibt,
- was gute Trainer auszeichnet,
- ob Sie das Zeug dazu haben, andere erfolgreich zu trainieren,
- welche Vorurteile sich um den Trainerberuf ranken und wie die Realität aussieht.

Trainer sein kann doch jeder, oder?

Fast jeder Berufstätige hat in seinem Leben schon einmal an einem Training, Seminar oder an einem Workshop teilgenommen. Ob Computerkurs, Weiterbildungsmaßnahme oder Kommunikationsseminar – alle diese Veranstaltungen haben eines gemeinsam: Sie werden von Trainern geleitet, die ihr Wissen aus Theorie und Praxis weitergeben. Viele vermitteln es mit einer solchen Leichtigkeit, dass man als Teilnehmer versucht ist zu sagen: „Das kann ich auch!" Schließlich hat man selbst auch schon oft bewiesen, dass man anderen etwas beibringen oder erklären kann, so z. B. den eigenen Kindern, der neuen Kollegin oder den Mitarbeitern im Change-Prozess. Heißt das aber, dass jeder, der in einem Themengebiet über profundes Wissen verfügt, als Trainer durchstarten kann? Wie Sie sicherlich schon vermuten, lautet die Antwort darauf: „Nein".

Der Unterschied zwischen einem professionellen Trainer und einem Amateur liegt im Detail. Der Profi hat neben seiner Fachkompetenz ein breites Wissen über Methodik und Didaktik, das er gezielt einsetzt. All dies braucht er, damit er langfristig mit der Trainertätigkeit seinen Lebensunterhalt erwirtschaften kann. Zudem darf eines nicht fehlen: In jedem Fall braucht es Freude am Kontakt mit Menschen. Es geht schließlich um die Herausforderung, die Teilnehmenden nicht nur für Themen zu gewinnen und zu begeistern, sondern auch zu bewirken, dass sie das Gelernte anwenden und umsetzen können.

Warum Unternehmen Trainer brauchen

Wer sich heute auf dem Markt behaupten will, braucht kompetente und motivierte Mitarbeitende. Seminare, Workshops und Trainings unterstützen Unternehmen:

- **Sie vermitteln benötigtes Wissen und ermöglichen den Wissenstransfer zwischen den Mitarbeitern.** Jedes Unternehmen weiß, dass das eigentliche Kapital das Fachwissen der Mitarbeitenden ist. Damit es bei Mitarbeiterwechseln zu keinen bzw. nur geringen Wissensverlusten kommt, und um möglichst viele Synergien zu ermöglichen, ist ein regelmäßiger Austausch und Wissenstransfer unter allen Mitarbeitenden wichtig.
- **Sie schaffen Wettbewerbsvorteile, indem sie die Mitarbeiter auf dem aktuellen Kenntnisstand zu neuen Entwicklungen halten.** Mitarbeitende, die über die neuesten Forschungsergebnisse und Erkenntnisse gut informiert sind, haben die Möglichkeit, Produkte oder Lösungen zu finden, lange bevor der Markt danach drängt.
- **Sie bringen neues, frisches Denken ins Unternehmen.** Weiterbildungen, Seminare und Trainings sind gute Instrumente, um neue Impulse und Anregungen ins Unternehmen zu holen.
- **Sie halten die Mitarbeiter im Unternehmen und wirken damit einem Fachkräftemangel entgegen.** Nicht nur Geld motiviert Menschen, auch Fort- und Weiterbildungen sind Möglichkeiten, Mitarbeitende im Unternehmen zu halten und ihr Entwicklungspotenzial auszuschöpfen.

Welches Format eignet sich für welche Zielsetzung?

In diesem TaschenGuide wird das Seminar als Überbegriff verwendet, da es sich im allgemeinen Sprachgebrauch für Veranstaltungen rund um die Wissensvermittlung in der Erwachsenenbildung eingebürgert hat. Jeder, der sich näher mit diesem Thema beschäftigt, sollte jedoch die Unterschiede zwischen den einzelnen Formaten, die in der Unternehmenspraxis zur Anwendung kommen, kennen. Hier ein kleiner Überblick.

Das Seminar

Im Seminar wird Wissen praxis- und erfahrungsnah vermittelt. Ziel eines Seminars ist es, dass die Teilnehmenden später möglichst viel vom Erlernten in ihrem beruflichen Alltag umsetzen können. Seminare sollen es den Teilnehmern ermöglichen, sich Expertenwissen anzueignen, komplexe Themengebiete zu hinterfragen und im Austausch mit anderen neue Sachverhalte zu erlernen.

Das Training

Der Begriff „Training" stammt ursprünglich aus dem Sportbereich. In der Erwachsenenbildung bezeichnet er eine Weiterbildung, mithilfe derer die Teilnehmenden eine neue oder andere Verhaltensweise in einer bestimmten Situation erlernen sollen. Im Gegensatz zum klassischen Seminar geht es also nicht nur darum, neues Wissen zu erwerben, sondern dessen Umsetzung in die Praxis auch zu üben bzw. zu trainieren.

Beispiel:

> Ein typisches Trainingsthema ist das Verkaufstraining, bei dem die Teilnehmenden nicht nur theoretisches Wissen über das Verkaufen erwerben, sondern auch ihre individuelle Verkaufsstrategie entwickeln und ihr Verkaufstalent verbessern sollen.

Der Workshop

In einem Workshop bearbeitet (to work = arbeiten) eine Gruppe von Teilnehmenden Themen unter Anleitung einer Moderatorin oder eines Moderators. Ein Workshop ist sinnvoll, wenn es darum geht, gemeinsam Strategien zu entwickeln und/oder Lösungen zu erarbeiten. Es steht also nicht das Erlernen von Wissen im Vordergrund, sondern eher die gemeinsame Entwicklung von Neuem oder Besserem.

Beispiel:

> Ein Unternehmen könnte etwa einen Workshop zum Thema „Neue Visionen für das Marketing" durchführen. Ein Klassiker unter den Workshop-Themen ist es, neue Ideen für eine Produktweiterentwicklung auszuarbeiten.

Der Vortrag

Im Gegensatz zu einem Seminar, Training oder Workshop werden bei einem Vortrag die Zuhörenden wenig aktiv eingebunden. Der Redner spricht über ein bestimmtes Thema zu einem Publikum. Ein Impulsvortrag – ein Vortrag, der kurz und knapp alle wichtigen Fakten zu einem bestimmten Thema erklärt – ist häufig ein Teilelement im Seminar.

Das Webinar

Der Begriff „Webinar" ist ein Kunstwort, das sich aus den Wörtern Web und Seminar zusammensetzt. Wie der Name schon vermuten lässt, ist es ein Seminar, das im Internet live stattfindet. Die Teilnehmenden können sich über einen Zugangscode ortsunabhängig dazu schalten und sich interaktiv – meist per Chat – beteiligen.

Das Barcamp

In einem Barcamp koordinieren die Teilnehmer sich eigenständig. Jeder ist aufgefordert, den anderen sein Wissen per Präsentation oder Vortrag zur Verfügung zu stellen. Jeden Morgen wird gemeinsam auf Whiteboards, Metaplänen oder Pinnwänden in sog. Grids (Stundenplänen) der Tag strukturiert. Oft wird ein Moderator von den Teilnehmenden benannt, um die Diskussionsrunden, auch Sessions genannt, zu leiten.

Der Name Barcamp hat übrigens nichts mit einer Bar zu tun, sondern damit, dass diese Form der Weiterbildung ihren Ursprung in Software-Unternehmen nahm. Als Bar wird in der Informatik ein Platzhalter bezeichnet.

Was einen guten Trainer ausmacht

Die beruflichen Laufbahnen von Trainern sind so individuell wie Fingerabdrücke. Es gibt unter ihnen Betriebswirtinnen, Juristen, Pädagoginnen, Techniker und noch eine Vielzahl von Angehörigen anderer Berufsgruppen, die sich auf ihrem Gebiet spezialisiert haben und nun erfolgreich ihr Wissen als Trainer weitergeben.

Wie Sie vielleicht aufgrund Ihrer eigenen Lernerfahrung wissen werden: Theorie alleine nutzt nicht viel. Erst wenn das Know-how mit konkreten Beispielen aus der Praxis verknüpft wird, entsteht ein Lerneffekt bei anderen. Einer der Erfolgsfaktoren von Trainern ist neben der Fachkompetenz daher die eigene Praxiserfahrung. Sie ist eine wichtige Voraussetzung dafür, Wissen glaubhaft zu vermitteln.

Beispiel:

Ein Gärtner, der Ihnen etwas vom Wachstum und dem Rhythmus der Pflanzen erzählt, ist glaubwürdig. Ein Verkaufstrainer, der auf eine Karriere als Verkäufer zurückblickt, kann ein Vorbild für die Trainingsteilnehmer sein.

Keine Angst, Sie müssen nicht alles in Ihrem Berufsleben perfekt gemeistert haben, um ein Seminar erfolgreich durchführen zu können, so wie eine Ärztin auch nicht alle Krankheiten durchlebt haben muss, um eine gute Medizinerin zu sein. Sie sollten jedoch in der Lage sein, immer wieder zwischen Praxis und Theorie zu wechseln.

Zudem brauchen Sie das richtige Handwerkszeug, nämlich fundiertes didaktisches und methodisches Wissen. Die Didaktik ist die Kunst des Lehrens und die Methodik beschäftigt sich mit dem „Wie" des Lehrens, also der Art und Weise, wie Sie die Lernziele umsetzen können.

Beispiel:

Dazu gehört es z. B., keine einseitigen Monologe im Seminar zu halten, sondern mit den Teilnehmenden die Themen so zu erarbeiten und ihnen zu vermitteln, dass sie das Erlernte nach dem Seminar in ihrem beruflichen Alltag auch anwenden und einsetzen können.

In beiden Bereichen sollten Sie sich sicher bewegen. Allzu oft wird die Bedeutung der Didaktik und der Methodik unterschätzt.

Trainer sein heißt: lebenslang Lernen. Ein professioneller Trainer zeichnet sich dadurch aus, dass er sich immer wieder auf den aktuellen Wissensstand in seinem Themengebiet bringt.

Mut zum eigenen Stil

Der perfekte Trainer ist charismatisch, kompetent, interessant, geduldig, ziel- und lösungsorientiert, belastbar und hat einen mitreißenden Humor, heißt es. Aber wer kann denn schon perfekt sein?

Wenn Sie erfolgreiche Trainer beobachten, werden Sie sehr schnell feststellen, dass jeder auch so seine kleinen Schwächen zeigt. Der eine spricht etwas zu leise, der andere hat es schwer mit moderner Seminartechnik und ein Dritter vergisst allzu gerne die Pausen.

Statt überhöhten Idealen nachzueifern, geht es vielmehr darum, zum besten Trainer werden, der Sie sein können. Stellen Sie sich vor, wie langweilig Seminare wären, wenn alle nach dem gleichen Muster und in der gleichen Art arbeiten würden! Überlegen Sie sich also gut, welcher Auftritt zu Ihnen passt und in welchem Umfeld und mit welchem Image Sie sich wohlfühlen.

Haben Sie den Mut zu Ihrem eigenen Stil. Stehen Sie z. B. selbstbewusst zu Ihrem Akzent oder Ihren Vorbehalten gegenüber Rollenspielen, und finden Sie andere Wege, um Ihre Ziele im Training zu erreichen. So bleiben Sie glaubhaft und hinterlassen bei Ihren Auftraggebern und Teilnehmern ein authentisches Bild.

Was Sie von anderen lernen können

Sie starten gerade Ihre Trainerkarriere? Dann sollten Sie sich die Zeit nehmen und Seminare von bereits etablierten Kollegen besuchen. So können Sie live erleben, wie unterschiedliche Trainerpersönlichkeiten und Vorgehensweisen bei den Teilnehmern ankommen. Je mehr Trainer Sie kennenlernen, umso klarer wird auch Ihr Bild davon werden, wo Ihre persönlichen Stärken liegen, und inwieweit Sie sich von den anderen Trainern unterscheiden.

Wenn Sie bereits ein erfahrener Trainer sind, profitieren Sie wahrscheinlich in der Rolle als Teilnehmer nur noch wenig von Seminaren anderer. Dann bietet es sich an, Expertentreffen, Kongresse oder Netzwerke zu besuchen oder sogar selbst zu initiieren. Der Austausch mit Kollegen bewährt sich fast immer, und meist ist es inspirierend, einmal ganz andere Sicht- und Arbeitsweisen kennenzulernen.

Selbst-Test: Ihre Trainerkompetenzen

Unabhängig davon, ob Sie ein erfahrener Trainer sind oder gerade erst durchstarten wollen: Mit dem folgenden Selbst-Test finden Sie heraus, wo Ihre Stärken als Trainer liegen und welche Bereiche Sie noch ausbauen können. Bewerten Sie Ihr

Wissen und Ihre Kompetenzen zu den untenstehenden Aussagen mit Punkten von 1 bis 6.

- 1 bedeutet: Die Aussage trifft auf Sie gar nicht zu.
- 6 bedeutet: Die Aussage trifft voll und ganz auf Sie zu.

Testen Sie Ihre Trainerkompetenzen	Punktzahl
Ich halte mich immer auf dem neuesten Wissensstand.	
Ich verfüge über viel Praxiserfahrung.	
Ich habe reichhaltiges Wissen darüber, wie Erwachsene lernen.	
Ich kann Lernstoff logisch strukturieren.	
Ich kann komplexe Vorgänge gut erklären.	
Ich bin geduldig.	
Ich weiß, wie ich Inhalte lebendig vermitteln kann.	
Ich habe viele Ideen, wie ich Teilnehmende aktivieren kann.	
Ich habe Humor.	
Es macht mir Spaß, eine Gruppe zu führen.	
Ich kann Menschen begeistern.	
Ich kann auch Unangenehmes ansprechen.	
Ich behalte auch in stressigen Situationen die Ruhe/den Überblick.	
Ich kann gut mit unregelmäßigen Arbeitszeiten umgehen.	

Testen Sie Ihre Trainerkompetenzen	Punktzahl
Ich kann mich gut selbst motivieren und gut für mich selbst sorgen.	
Ich kenne meine Grenzen.	
Summe	

Auswertung

Zählen Sie nun die Punkte zusammen.

- 68–96: Glückwunsch, Sie sind der geborene Trainer! Entweder Sie haben schon jahrelange Erfahrung und sind daher durch und durch Profi, oder Sie sind einer dieser ganz besonderen Menschen, denen das Talent in die Wiege gelegt wurde, andere zu begeistern. Man kann nur froh sein, wenn man einen Menschen trifft, der seine Arbeit so gerne und so gut macht wie Sie.
- 67–34: Sie bringen einiges an Talenten mit und haben sicherlich auch die eine oder andere gute Erfahrung in der Umsetzung von Seminaren oder Workshops gemacht. Haben Sie Mut zu Ihrem eigenen Stil und entscheiden Sie, welche Stärken Sie noch vertiefen wollen.
- 33–16 Punkte: Sie haben einige Stärken, die noch ausgebaut werden können. Sicherlich finden Sie ein Train-the-Trainer Seminar, das Sie dabei unterstützt, das Trainieren so zu erlernen, dass Sie auch Ihre Schwächen bald in Stärken umwandeln können.

Ihr persönlicher Entwicklungsplan

Je besser Sie Ihre eigenen Stärken kennen, umso selbstbewusster können Sie Auftraggeber, potenzielle Kunden und Teilnehmende von Ihren Kompetenzen überzeugen. Bitte sehen Sie sich die Aussagen im Selbst-Test an, bei denen Sie sich 5 oder 6 Punkte gegeben haben. Hier liegen Ihre Stärken. Welche dieser Stärken sind Ihnen bei Ihrer Tätigkeit als Trainer am wichtigsten? Worauf sind Sie besonders stolz?

____

____

____

Welche würden Sie gerne weiter ausbauen?

____

____

____

Schauen Sie sich nun alle Aussagen im Test an, bei denen Sie sich 2 Punkte und weniger gegeben haben. Hier sehen Sie Fähigkeiten, die Sie sich noch aneignen könnten – nennen wir sie Ihre Schwächen.

Über welche Themengebiete würden Sie gerne mehr wissen? Welche Bereiche möchten Sie ausbauen?

____

____

____

Ihre drei größten Stärken als Trainer sind:

1 ...

2 ...

3 ...

Ihre drei größten Schwächen als Trainer sind:

1 ...

2 ...

3 ...

Was können/wollen/müssen Sie angehen?

1 ...

2 ...

3 ...

Wie wollen Sie Ihre Ziele konkret erreichen?

1 ...

2 ...

3 ...

Die Aufgaben eines Trainers

„Du arbeitest ja nur ein paar Tage im Monat – ist das toll!" Trainer hören diesen Satz oft, denn für andere wahrnehmbar ist ihre Arbeit nur an den Tagen, an denen sie vor Teilnehmenden stehen. In Wirklichkeit steckt hinter der Trainertätigkeit jedoch viel mehr Arbeit. Sie umfasst weit mehr als nur das Durchführen von Trainings. Schauen wir uns die Aufgaben einmal genauer an.

Aufgabe	Was steckt dahinter?
Marketing	▪ Internetauftritt erstellen und pflegen ▪ Werbematerialien, wie z. B. Flyer, Briefpapier, Visitenkarten, entwickeln ▪ Pflege sozialer Netzwerke, wie z. B. XING, Facebook ▪ Autorentätigkeit: Artikel in Fachzeitschriften, Büchern schreiben etc.
Akquise	▪ Messen und Netzwerke besuchen ▪ Kontakte knüpfen und pflegen ▪ Kaltakquise: neue Kunden gewinnen
Auftragsklärung	▪ Viele Telefonate und Treffen mit (potenziellen) Auftraggebern ▪ Ziele mit den Auftraggebern herausarbeiten ▪ Mit unterschiedlichen Unternehmenskulturen und Auftraggebern umgehen
Recherchieren von aktuellem Wissen	▪ Fachliteratur und -zeitschriften lesen ▪ Internetrecherchen ▪ Expertenaustausch ▪ Besuch von Fachveranstaltungen

Aufgabe	Was steckt dahinter?
Vorbereitung, Planung und Durchführung des Seminars	▪ Konzeption der Lerninhalte ▪ Ablaufplan erstellen ▪ Handouts oder/und ggf. Präsentationen erstellen ▪ Benötigte Materialien organisieren ▪ Ggf. Organisation von Räumen
Seminartechnik	▪ Umgang mit neuester Seminartechnik ▪ Sich auf dem Laufenden halten zur Entwicklung neuester Techniken, wie z. B. Webinaren
Teilnehmer aktivieren und begeistern	Fundierte Ausbildung in Methodik und Didaktik z. B. durch Train-the-Trainer- oder Coaching-Ausbildungen
Begleiten und Strukturieren von gruppendynamischen Prozessen	▪ Auf die Zeit achten ▪ Raum zum Kennenlernen und Austausch für die Teilnehmenden geben ▪ Professionelle Anmoderation von Arbeitsaufträgen ▪ Umgang mit Konflikten
Durchführung der Seminare	▪ Ressourcenplanung ▪ Reiseplanung

Aufgabe	Was steckt dahinter?
Nachbereitung und Optimierung der Veranstaltung	▪ Kritisches Überprüfen des Seminar- oder Workshop-Verlaufs ▪ Nachbessern und aktualisieren ▪ Erstellen von Feedbackbögen und deren regelmäßige Auswertung

Trainer oder Moderator?

Es gibt viele Gemeinsamkeiten zwischen Trainern und Moderatoren von Workshops, aber auch deutliche Unterschiede.

Die Unterschiede

Die Aufgaben eines Moderators unterscheiden sich vor allem während der Themenbearbeitung von der Vorgehensweise eines Trainers. Ein Moderator muss, im Gegensatz zu einem Trainer, kein Fachexperte sein, im Gegenteil: Idealerweise hält er sich inhaltlich bewusst zurück und agiert aus einer neutralen und respektvollen Haltung heraus. Er gibt die Struktur vor und wählt Methoden aus, mit denen die Teilnehmenden die vereinbarten Ziele erreichen können.

> Geben Sie Fachfragen, die im Workshop an Sie gerichtet sind, an die Gruppe weiter. Im Workshop sind vor allem die Kompetenzen der Gruppe gefragt.

Die Gemeinsamkeiten

Sowohl Moderatorinnen als auch Trainer haben in der Arbeitsphase folgende Aufgaben:

- Gruppen- und Arbeitsprozesse steuern
- Diskussionen strukturieren und leiten
- Vereinbaren und Überwachen der Spielregeln
- Sammeln und Verdichten von Meinungen und Informationen
- Anbieten von verschiedenen Methoden, um Themen zu bearbeiten
- Überwachen des Zeitplans
- Abweichungen vom Thema ansprechen
- Teilnehmende schützen z. B. vor unfairen Angriffen
- Überprüfen der Zustimmung bei Entscheidungen und Vereinbarungen
- Visualisieren der Diskussionen und Meinungsverschiedenheiten
- Verdeutlichen unterschiedlicher Auffassungen

Wenn Führungskräfte zu Moderatoren werden

In der Praxis kommt es oft vor, dass eine Führungskraft bzw. ein Projektleiter zum Moderator eines Workshops ernannt wird. Sie bekleiden dann eine Doppelrolle: die eines Workshop-Teilnehmers und die des Moderators. Diese Doppelfunktion hat ihre ganz eigenen Stolpersteine, denn je stärker sie in die Prozesse eingebunden sind, umso schwieriger wird es sein, die vom Moderator geforderte Neutralität zu bewahren.

Machen Sie es deutlich, wenn Sie zwischen den Rollen wechseln und benennen Sie Ihre Doppelrolle schon zu Beginn des Workshops.

Beispiel:

Den Wechsel in der Rolle können Sie folgendermaßen kommunizieren:

„Nun möchte ich gerne als Projektleiter etwas dazu sagen..."

„An dieser Stelle möchte ich mich kurz von meiner Aufgabe als Moderator verabschieden und Ihnen als Führungskraft sagen: ..."

Verstärken können Sie das Ganze durch Ihre Körpersprache, indem Sie z. B. als Moderator ausschließlich im Stehen agieren und in Ihrer Rolle als Führungskraft im Sitzen.

Die 10 häufigsten Irrtümer über Trainer

Um den Trainerberuf ranken sich viele Vorurteile und Gerüchte. Im Folgenden werden die gängigsten widerlegt.

- Irrtum Nr. 1 – Ein Trainer braucht vor allem Fachwissen: Ein Experte macht noch lange keinen guten Trainer aus. Er benötigt zusätzlich Know-how und Erfahrung, wie Wissen erwachsenengerecht vermittelt und nachhaltig angewendet werden kann.

- Irrtum Nr. 2 – Es geht nicht um den Trainer als Person: Doch, geht es! In dem Moment, in dem Sie einen Raum betreten, um ein Seminar oder einen Workshop durchzuführen, stehen Sie auch als Vorbild vor den Teilnehmenden. Deshalb gehört zum Trainersein auch immer die Arbeit am eigenen Selbstbewusstsein.
- Irrtum Nr. 3 – Zum Trainer muss man geboren sein: Es gibt Menschen, denen es leicht fällt, andere zu begeistern. Man hat das Gefühl, dass ihnen dieses Talent einfach in die Wiege gelegt wurde. Doch bei näherer Betrachtung werden Sie feststellen, dass die meisten charismatischen Trainer nicht nur durch die gute Schule des Lebens gegangen sind, sondern ihren Beruf auch fundiert erlernt haben. Das Wissen über Didaktik und Methodik gekoppelt mit Erfahrung führt zuverlässig zum Erfolg.
- Irrtum Nr. 4 – Ein Trainer kann alles: Viele sind davon überzeugt, dass ein Trainer alles wissen und können muss. Aber einmal ganz im Ernst: Kennen Sie so einen Menschen? Auch Trainer haben ihre Grenzen, selbst wenn sie ausgewiesene Experten sind. Sie können sich nicht auf jede Frage vorbereiten, und sie können auch nicht immer alles wissen. Mut zur Lücke lautet hier die Devise. Nutzen Sie doch auch die Erfahrung der Teilnehmenden, reichen Sie Informationen, die Sie nicht parat haben, nach! Das Internet mit seinen reichhaltigen Fachforen oder auch eine gute Bibliothek sind Ihnen dabei sicherlich hilfreich.
- Irrtum Nr. 5 – Ein Trainer muss immer reden: Immer wieder im Seminar gibt ein Trainer wichtige Impulse, indem er Themen präsentiert und Inhalte erklärt. Für viele Teilneh-

menden wird das Ganze aber erst zu einem gelungenen Seminar, wenn sie selbst auch Gelegenheit haben mitzureden, Fragen zu stellen, ihre Erfahrungen einzubringen oder das Gelernte gleich ganz konkret ausprobieren zu können.

- Irrtum Nr. 6 – Fachwörter wirken kompetent: Ein Ingenieur erzählte mir einmal: „Wenn ich im Training aus dem Konzept komme, mische ich einfach ein paar Fremdwörter zusammen. Dann wirke ich kompetent und keiner merkt, dass ich den roten Faden verloren habe". Schon möglich, dass man mit so einer Taktik eine kleine Schwäche überspielen kann, aber was nutzt es letztlich, wenn keiner den Trainer versteht? Bedienen Sie sich lieber einer einfachen, klaren und verständlichen Sprache, denn die Teilnehmenden haben das Recht darauf, zu verstehen, was Sie sagen.
- Irrtum Nr. 7 – Eine gute Show ist alles: Sie haben das vielleicht auch schon einmal erlebt: Sie sitzen in einem Vortrag, der mit einem multimedialen „Feuerwerk" untermalt wurde, und fragen sich hinterher, was das Ganze eigentlich sollte. Sicherlich sind eine professionelle Präsentation und ein gut durchdachter Rahmen, wie z. B. ein angemessener Seminarraum, seine Gestaltung sowie professionelle, gut gestaltete Arbeitsunterlagen etc. wichtig. Letztendlich werden Sie aber daran gemessen, wie gut Sie den Teilnehmenden das Wissen vermitteln, so dass diese es in der Praxis auch anwenden können.
- Irrtum Nr. 8 – Der Trainer muss die Teilnehmenden motivieren: Das ist ein weitverbreiteter Irrglaube. Menschen können sich nur selbst motivieren. Was Trainer jedoch tun können ist, den Teilnehmenden die Inhalte so praxisnah

und lebendig zu vermitteln, dass sie sich selbst motivieren können. Auch das beste Training kann bei einem Menschen nur dann eine Verhaltensänderung bewirken, wenn er das selbst will.

- Irrtum Nr. 9 – Der Trainer ist verantwortlich für den Praxiserfolg: Trainer leiten die Gruppe und sind verantwortlich für die professionelle Auftragsklärung, den Aufbau, die Durchführung und Nachbereitung eines Seminars. Damit jedoch das Gelernte letztlich auch im beruflichen Arbeitsalltag erfolgreich ein- und umgesetzt werden kann, spielen nicht nur der Trainer, sondern noch zusätzliche Faktoren eine Rolle, wie z. B. die Unternehmenskultur, die Auftragslage, die Führungskräfte im Unternehmen. Der Trainer hat darauf nur bedingt Einfluss.
- Irrtum Nr. 10 – Trainer haben es gut: Als Trainer haben Sie in der Regel keinen geregelten Acht-Stunden-Tag. Am Tag der Veranstaltung sind Sie bereits vor den Teilnehmenden da, um alles vorzubereiten. Sie sind beim gemeinsamen Mittagessen ein gefragter Gesprächspartner. Sie beantworten auch nach dem Seminar noch persönliche Fragen, bevor Sie dann ggf. noch den Raum und die Abläufe für den nächsten Tag vorbereiten. Möglicherweise müssen Sie reisen, um zu den Trainings zu gelangen. Für viele Trainer ist ein Leben im Hotel mit all seinen Vor- und Nachteilen Alltag.

Auf einen Blick: Traumjob Trainer?

- Nicht jeder Experte in seinem Fach ist gleichzeitig auch ein guter Trainer. Neben der Fachkompetenz sind noch weitere Fähigkeiten und Kenntnisse, so z. B. in der Wissensvermittlung, wichtig, um erfolgreich zu sein.
- Kein Trainer ist perfekt – jeder hat Stärken wie auch Schwächen. Sie zu erkennen, an ihnen zu arbeiten, dabei authentisch zu sein und Mut zum eigenen Stil zu haben, ist das Erfolgsrezept in dieser Branche.
- Um den Beruf des Trainers ranken sich viele Vorurteile. So hält sich hartnäckig das Gerücht, dass man zum Trainer geboren sein muss, und auch, dass Trainer ein angenehmes Leben mit viel Freizeit haben. Alles das erweist sich als Trugschluss, wenn man genauer hinsieht.

Vom Lehren und Lernen

Gleich ob Seminar oder Training – jeder gute Trainer möchte, dass die Teilnehmer hinterher das Gefühl haben, etwas gelernt zu haben. Doch wie erzielt man nachhaltige Lerneffekte bei anderen? Wie bringen Sie Ihr Wissen am besten an den Mann bzw. die Frau?

In diesem Kapitel erfahren Sie u. a.,

- warum jeder Mensch anders lernt,
- wie Sie Ihr Wissen typgerecht vermitteln,
- warum Didaktik für Trainer eine wichtige Rolle spielt.

Lernen Sie gerne?

Die Art und Weise, wie wir jemandem etwas erklären, und ob es uns gelingt, andere für Neues zu begeistern, hat damit zu tun, wie wir selbst zu dem Thema „Lernen" stehen.

Übung: Was verbinden Sie mit dem Thema „Lernen"?

Führen Sie die folgenden Sätze in Ihren eigenen Worten zu Ende:

- Wenn ich das Wort „Lernen" höre, ...
- Ich denke dabei an folgende Situationen: ...
- Ich kann nicht lernen, wenn ...
- Lernen macht mir Spaß, wenn ...

Die meisten Menschen verfügen ab einem bestimmten Alter über vielfältige Lernerfahrungen. Bestimmt ist Ihnen daher einiges zu den Sätzen eingefallen. Wahrscheinlich haben Sie positive *und* negative Erfahrungen in Lernsituationen gemacht. Vermutlich haben Sie am liebsten gelernt, wenn Sie selbst ein großes, eigenes Interesse am Thema hatten oder den dahinterstehenden Sinn und Zweck erkannt haben. Oder Sie hatten eine tolle Lehrerin, die es verstand, auf eine wertschätzende Art und Weise den Unterricht so interessant und abwechslungsreich zu gestalten, dass Sie einfach mitgerissen wurden. Die Frage ist nur, wie hat sie das gemacht?

Da die Erinnerungen an die Schulzeit nicht immer nur positiv sind, sollten Seminare oder Workshops möglichst wenig schulische Elemente enthalten. Das fängt bei der Platzierung der

Stühle an und hört bei der Ansprache der Teilnehmenden noch längst nicht auf.

Wie wir lernen

Bevor wir tiefer in das Thema „Lernen“ einsteigen, gilt es zunächst einmal sicherzustellen, dass wir alle dasselbe darunter verstehen. Die Lernpsychologie definiert Lernen als eine Veränderung des Verhaltens, Denkens oder Fühlens aufgrund von neu gewonnenen Einsichten und Erfahrungen. Das kann absichtlich oder auch beiläufig geschehen. Wir lernen beispielsweise, wenn wir

- wiederholen
- entdecken
- lesen
- diskutieren
- überlegen
- erfinden
- etwas anschauen
- uns mit anderen austauschen
- hinterfragen
- beobachten
- betrachten
- suchen
- ausprobieren
- etwas anhören
- uns schulen
- etwas oder andere infrage stellen

Erwachsene lernen anders als Kinder

Menschen können bis ins hohe Alter hinein lernen. Dabei lernen Erwachsene keineswegs schlechter als Kinder, sondern einfach nur anders.

- Statt einfach etwas auszuprobieren und so quasi nebenbei zu lernen, wollen viele erst einmal verstehen, was sie lernen. Deshalb ist in der Arbeit mit Erwachsenen der Input ein wichtiger Abschnitt. Er bietet die Chance, den Teilnehmenden sowohl ein fachliches Verständnis als auch ein praxisbezogenes Wissen zu vermitteln, damit alle das Thema „begreifen" können.
- Erwachsene haben im Gegensatz zu Kindern angelernte Hemmungen. Meist denken sie erst über etwas nach, bevor sie es tun.
- Viele Erwachsene haben bereits eine Idee, wie etwas gehen müsste; manchmal müssen sie diese Vorstellung erst einmal wieder loslassen, bevor sie lernen können.
- Erwachsene möchten auf schon vorhandenem Wissen aufbauen. Nehmen Sie daher von Anfang an die Erfahrungen und das Praxiswissen der Teilnehmenden als Grundlage.
- Besonders gut lernen Erwachsene, wenn sie in dem Gelernten eine konkrete und sofort umsetzbare Hilfestellung bzw. Erleichterung für ihren Berufsalltag erkennen können.
- Erwachsene verfügen über eigene Erfahrungen und Lösungsideen. Deshalb ist es wichtig, die Teilnehmenden aktiv miteinzubinden und sie zu ermuntern, sich mit ihrem persönlichen Expertenwissen zu beteiligen.

Jeder lernt auf seine Art

Ob das Lernen zum gewünschten Erfolg führt, hängt natürlich auch von den Teilnehmenden selbst ab. Was bringen sie an Vorwissen mit? Sind sie ausgeschlafen, gesund, gut gelaunt oder hatten sie gerade eine schwieriges Projekt oder eine schwere Erkältung? Dazu kommt, dass jeder sein ganz eigenes Lerntempo und seine Lernerfahrung hat. Sie ahnen schon: Lernen ist nicht gleich Lernen, sondern ein ganz individueller Prozess.

Gleiche Lernbedingungen – unterschiedliche Erfolge?

Stellen Sie sich folgende Situation vor: Sie geben verschiedenen Tieren die Aufgabe, auf einen Baum zu klettern. Ein Affe wird diese Aufgabe hervorragend meistern. Ein Elefant hingegen nicht, obwohl er, genau wie der Affe, auch vier Gliedmaßen besitzt. Bei Menschen ist das ähnlich. Teilnehmende in Seminaren erreichen ganz unterschiedliche Lernerfolge bei gleichen Lernbedingungen, weil sie verschiedene Vorkenntnisse, eine unterschiedliche Motivation und individuelle Fähigkeiten mitbringen.

Verschiedene Lerntypen

Jeder Mensch hat seine eigene Art, wie er am besten lernen kann. Manche können sich Inhalte gut einprägen, wenn sie darüber lesen, andere, wenn sie einer Expertin zuhören, und wieder andere lernen am besten, wenn sie mitschreiben oder sich über die Inhalte mit anderen austauschen.

Der Lernstoff gelangt über die beteiligten Sinnesorgane in unser Gedächtnis. Nun sind die einzelnen Sinnesorgane bei jedem Menschen unterschiedlich stark ausgeprägt, was zur Folge hat, dass es je nach Ausprägung unterschiedliche Lerntypen gibt. Man unterscheidet auditive, visuelle, kommunikative und motorische Lerntypen. Da es nur ganz selten Menschen gibt, die ausschließlich nur über eine Sinneswahrnehmung lernen können, ist es gut, wenn Sie bei der Wissensvermittlung möglichst viele Sinne ansprechen.

Nachfolgend ein Überblick, wie Sie die Sinne der einzelnen Lerntypen am besten ansprechen können.

Lerntyp	Methode/Medien/Möglichkeiten
auditiver	Dieser Typ lernt am besten über Sprache oder auch Musik.
visueller	Für diesen Typ sollten Lerninhalte in Form von Grafiken, Bildern, Filmen dargestellt werden.
kommunikativer	Erst im Dialog ergeben sich für kommunikativ Lernende Zusammenhänge. Daher bieten sich Diskussionen und Gespräche an.
motorischer	Dieser Lerntyp versteht bestimmte Abläufe am besten, wenn er sie selbst durchführt oder ihre Durchführung direkt beobachten kann.

Beispiel:

Sie können einen Inhalt z. B. anhand einer Skizze erklären (visuell), ein Thema vortragen (auditiv), mit den Teilnehmenden darüber sprechen (kommunikativ), das Gesprochene mit Gestik begleiten und/oder eine Übung bzw. ein Experiment dazu machen (motorisch).

Mit allen Sinnen lernen

Wussten Sie, dass unser Gehirn kaum einen Unterschied macht zwischen dem, was es real wahrnimmt, und dem, woran es sich erinnert bzw. was es sich vorstellt? Das können Sie sich zunutze machen, indem Sie immer wieder einmal an die Erinnerungen der Teilnehmenden andocken. Sagen Sie z. B.: „Sie haben sicherlich auch schon mal folgende Situation erlebt ..." Erzählen Sie dann eine Begebenheit, die den Teilnehmenden vertraut ist und bei der jeder die Freiheit hat, seinen ganz eigenen Erinnerungen zu folgen. In diese Beispiele hinein können Sie gut Ihre Lernziele verpacken.

Alles, was wir selbst erfahren haben, weil wir es gerochen, gefühlt oder gesehen haben, oder was uns, verknüpft mit diesen Sinneserfahrungen, erzählt wurde, prägt sich in unser Gedächtnis besser ein. Nutzen Sie deshalb die Kraft der Worte und der Erinnerungen und bauen Sie bewusst auch Sinneswahrnehmungen ein in Fallbeispiele oder Anekdoten, die Sie erzählen. Berichten Sie also auch davon, wie es an einem Ort gerochen hat, wie warm oder kalt es dort war oder ob eine Farbe besonders hervorgestochen hat. Je mehr Wahrnehmungsfelder im Gehirn beteiligt sind, desto mehr gedankliche Verknüpfungen können hergestellt werden. Damit wiederum können Sie die Aufmerksamkeit und Lernmotivation der Teilnehmenden steigern und größere Lernerfolge erzielen.

Die Lernmotivation

Beispiel:

Vielleicht kennen Sie das ja auch? Sie sollen sich in die neue Buchhaltungssoftware einarbeiten und schieben das Handbuch seit Wochen von einer Seite des Schreibtisches auf die andere. Sie ertappen sich immer wieder dabei, dass Sie die Lektüre verschieben, vergessen oder eine andere Ausrede finden, um nicht jetzt anzufangen. So geht es vielen Menschen.

Wenn Sie anderen etwas beibringen möchten, ist es gut zu wissen, was Menschen zum Lernen motiviert. Es gibt nur zwei verschiedene Arten der Lernmotivation:

1. Wenn man etwas lernen muss: Immer dann, wenn der Impuls zu lernen von außen kommt, so z. B. durch den Chef, handelt es sich um extrinsische Motivation.
2. Wenn man etwas lernen will: Eine intrinsische Motivation ist immer dann gegeben, wenn jemand aus sich heraus etwas lernen will, z. B. um einen langgehegten Traum zu verwirklichen.

Eine Motivationsgrundlage alleine garantiert noch keinen Erfolg. Erfolgreich wird das Ganze meistens erst, wenn die intrinsische und die extrinsische Motivation, also der eigene Wille und die Zwänge von außen, in die gleiche Richtung zielen.

Beispiel:

Der Wille, sich in die Buchhaltungssoftware einzuarbeiten, kommt nicht durch den Druck des Chefs, der schon wiederholt danach gefragt hat, sondern indem man selbst für sich erkennt, dass die neue Software eine konkrete Arbeitserleichterung darstellt.

Damit die Teilnehmenden sich ihrer ganz eigenen, also ihrer intrinsischen Motivation bewusst werden, können Sie die Teilnehmenden zu Beginn des Seminars bitten, die folgenden Fragen zu beantworten.

So erfahren Sie mehr über die Motivation der Teilnehmer

- Warum sind Sie in das Seminar gekommen?
- Wie wollen Sie die zur Verfügung stehende Zeit am besten für sich nutzen?
- Welche Kenntnisse bzw. Fähigkeiten oder Erfahrungen möchten Sie aus dem Seminar oder Workshop mitnehmen?
- Welche Fragen möchten Sie nach dem Seminar beantwortet haben?
- Was bräuchte es, damit Sie am Ende zufrieden nach Hause gehen?

Aus der eigenen Motivation heraus handeln heißt, seinen eigenen Impulsen zu folgen, und nicht: zu handeln, um eine Belohnung von anderen zu erhalten bzw. um eine Bestrafung oder eine andere negative Konsequenz zu vermeiden. Mehr zur Förderung der intrinsischen Motivation finden Sie im Kapitel „Ohne Didaktik geht es nicht".

Beispiel:

Intrinsisch motiviert ist z. B. das Lesen eines Sachbuches oder einer Zeitung, das freiwillig aus reiner Neugierde geschieht.

Techniken für besseres Lernen

Früher ging die Forschung davon aus, dass unser Gehirn eine Art Computer ist, den man nur mit den nötigen Informationen füttern muss, um sogleich die erwünschten Ergebnisse zu erhalten. Doch der Mensch ist kein PC, dessen Festplatte nach Belieben gefüllt und wieder gelöscht werden kann. Unser Gehirn ist wesentlich komplexer und flexibler als jeder Hochleistungsrechner.

Lernen ist immer dann besonders effizient, wenn in unserem Gehirn Neuronen verschiedener Hirnareale aktiviert werden und sich im Laufe der Zeit miteinander immer stärker vernetzen. „What fires together, wires together", lautet eine neuronale Regel, denn nur Gehirnareale, die ständig gemeinsam erregt werden, verstärken sich. Werden sie nicht genutzt, bilden sie sich wieder zurück: „Use it oder lose it".

Damit Teilnehmer einen Lerneffekt aus einem Seminar ziehen, sind folgende Vorgehensweisen hilfreich.

Verknüpfungen

Alles, was in Zusammenhängen erlernt wird, kann im Langzeitgedächtnis gespeichert werden. Isolierte Daten hingegen werden schnell wieder vergessen. Verknüpfungen, die sog. Eselsbrücken, sind daher gute Hilfsmittel, damit sich die Teilnehmenden Fakten und Lerninhalte besser merken können. Es gibt ganz unterschiedliche Varianten der Verknüpfung. Hier finden Sie ein paar Beispiele.

Verknüpfung mit ...	Beispiel
Anfangsbuchstaben	Um sich Namen besser zu merken: Herr **M**aier bringt **M**ehl mit.
Anfangsbuchstaben im Kontext	Die Namen der Gitarrensaiten? **E**ine **A**lte **D**umme **G**ans **H**at **E**ier.
Reime	Trenne niemals s und t, denn es tut den beiden weh.
Historischem Ereignis	Gründungsjahr der Stadt Rom: „7-5-3: Rom schlüpft aus dem Ei."
Erfahrungen	Sie hat denselben Namen wie mein Nachbar.
Körperteil	Wenn man beide Hände zu Fäusten ballt, kann man an den Knöcheln die Anzahl der Tage jedes einzelnen Monats abzählen. Der Knöchel ganz links ist der Januar mit 31 Tagen. Die Monate mit hervorstehenden Knöcheln haben 31 Tage, die mit einer Vertiefung 30 Tage.
Melodien, Sprachrhythmus und Sprechgeschwindigkeit	EDV Training: Erst markieren – dann kopieren!
Geschichten	Ich erinnere mich noch genau daran, als ich das erste Mal ...
Metaphern	„Eine systematische Vorgehensweise ist so, als bauten Sie ein Haus. Da beginnen Sie auch mit dem Keller und nicht mit dem Speicher."

Wiederholungen

Um zu verhindern, dass neue Informationen schnell wieder vergessen werden, ist es wichtig, das Gelernte zu wiederholen. Bauen Sie deshalb in Ihre Trainings mehrere Wiederholungssequenzen ein. Joseph Joubert, Jesuit und Lateinlehrer aus dem 17. Jahrhundert, sagte schon damals sehr passend: „Lehren heißt zweimal lernen". Wenn die Inhalte allerdings später im Alltag nicht wiederholt, geübt und angewendet werden, gehen 80 % des Erlernten wieder verloren.

Positives Lernumfeld

Lernen gelingt leichter, wenn Teilnehmende sich wohlfühlen. Hierzu gehören der ansprechend ausgestattete Seminarraum genauso wie der respektvolle Umgang miteinander. Sorgen Sie für eine angenehme und stressfreie Lernatmosphäre. Wenn die Teilnehmenden z. B. Angst davor haben, bloßgestellt zu werden, oder wenn sie befürchten, dass persönliche Informationen weitergetragen werden, sind sie blockiert und können neue Erkenntnisse und Erfahrungen nicht aufnehmen. Deshalb ist es wichtig, dass Teilnehmende und Trainerin sich gegenseitig vertrauen können.

Scheuen Sie sich nicht, bei den Teilnehmenden nachzufragen, ob sie sich wohlfühlen oder ob sie möglicherweise andere Themen oder Sorgen haben, die sie gerade beschäftigen und am Lernen hindern. Achten Sie aber darauf, hier für den richtigen Rahmen zu sorgen. Vielleicht ist es angebracht, einem Teilnehmer ein Vier-Augen-Gespräch anzubieten.

Für Erfolgserlebnisse sorgen

Immer wenn uns etwas gelingt, schüttet unser Körper unterschiedliche Endorphine aus, z. B. Dopamin, das auch als das Glückshormon bezeichnet wird. Dieser Hormoncocktail ist dafür verantwortlich, dass wir uns freuen, wenn wir etwas geschafft haben, und motiviert sind, weiterzumachen und noch mehr lernen zu wollen. Sie kennen das sicherlich: Wenn Sie etwas verstanden haben, fühlen Sie sich gut und freuen sich darüber. Wenn es Ihnen gelingt, dass die Teilnehmenden mit Spaß und Interesse am Thema arbeiten, ist es sehr wahrscheinlich, dass sie von einem hohen Wissenstransfer profitieren.

Konzentration aufrechterhalten

Wie lange hält die Konzentration eines Menschen an? 90 Minuten? Eine Stunde oder weniger? Viel weniger! Bereits nach 10 Minuten lässt sie nach. Das bedeutet natürlich nicht, dass Sie bereits nach 10 Minuten eine erste Pause einlegen sollten. Sie sind jedoch als Trainer permanent dazu aufgefordert, die Aufmerksamkeit der Teilnehmenden immer wieder neu zu gewinnen. Das können Sie z. B. tun, indem Sie immer wieder aktivierende Übungen und Spiele einbauen. Achten Sie auch darauf, komplexe theoretische Inhalte, die eine hohe Konzentration verlangen, nicht am Ende eines Tages zu vermitteln oder direkt nach der Mittagspause, wenn alle noch träge und müde sind.

> Konzentration ist keine Eigenschaft, die immer und jederzeit in gleichem Maße vorhanden ist, sondern eine Fähigkeit, die stark von der Situation abhängt. Deshalb sollten Sie immer wieder „erfrischende" Elemente in die Seminare und Workshops einbauen, um für ausreichend Abwechslung zu sorgen.

Pausen machen

Zu einer guten, konzentrierten Lernatmosphäre gehört es auch, regelmäßig Pausen zu machen. Statt überanstrengt noch etwas durchzupauken, legen Sie lieber eine Pause mehr ein und ermöglichen Sie so den Teilnehmenden, danach wieder mit voller Konzentration dabei zu sein.

Ohne Didaktik geht es nicht

Ein Trainer kann die Teilnehmenden dabei unterstützen, sich selbst zu motivieren. Dafür braucht es neben Fachkompetenz und einer überzeugenden Persönlichkeit ein fundiertes Wissen über methodische und didaktische Vorgehensweisen.

Didaktik ist das Wissen über die Theorie des Lehrens und Lernens. Die Methodik dagegen beschäftigt sich mit der Art des Vorgehens, also welche Wege Sie einschlagen, um bestimmte Inhalten zu vermitteln.

Lange Zeit bezog sich die Didaktik nur auf den Schulunterricht. Heutzutage liefert sie zunehmend wichtige Erkenntnisse für die Erwachsenenbildung. Ich stelle Ihnen nachfolgend zwei didaktische Modelle vor, die sich im Traineralltag bewährt haben.

Modell 1: Aktives Lernen

In der Didaktik wird das aktive Lernen auch als erfahrungsbasiertes Lernen bezeichnet. Aktives Lernen ist effektiver als passives. Themen wiederzugeben, z. B. indem man sie anderen vorträgt oder erklärt, aktiviert die Verbindungen im Gehirn und sorgt dafür, dass wir sie lange in Erinnerung behalten. Mittlerweile ist diese Lernart sehr weit verbreitet, weil sie neben ihrer hohen Effizienz auch die Chance bietet, Teilnehmende mit ganz unterschiedlichem Wissensstand konstruktiv zusammenarbeiten zu lassen.

Die folgende Grafik verdeutlicht, dass alles das, was wir selbst tun, besser in unserem Gehirn verankert wird als Wissen, das wir nur passiv aufnehmen. Die Prozentzahl auf der horizontalen Achse gibt an, wie viel wir von dem Gelernten behalten.

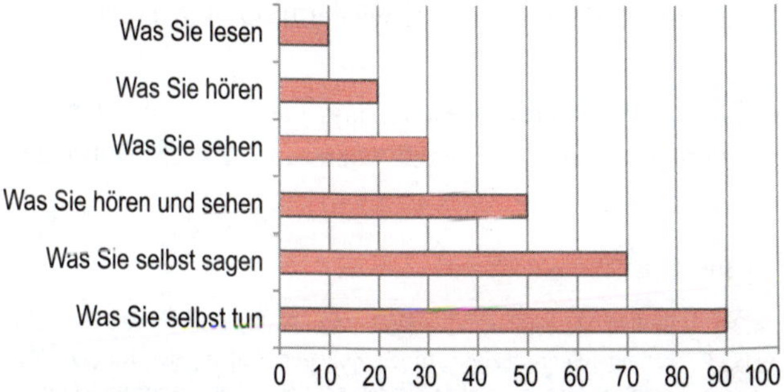

Quelle: Herbert Gudjons, Handlungsorientiert lehren und lernen: Schüleraktivierung. Selbsttätigkeit. Projektarbeit. 7. Auflage 2008

> Erzähle mir – und ich vergesse.
> Zeige mir – und ich erinnere mich.
> Lass es mich tun – und ich verstehe. (Konfuzius)

Es gibt ganz verschiedene Möglichkeiten, als Trainer aktives Lernen zu ermöglichen. Die folgenden Grundvoraussetzungen sollten dabei jedoch immer gegeben sein:

- Die Teilnehmenden sind aktiv in das Lerngeschehen eingebunden. Sie hören also nicht nur zu.
- Es wird Wert darauf gelegt, die Fähigkeiten und Fertigkeiten der Teilnehmenden weiterzuentwickeln.
- Die Teilnehmenden werden zum Mitdenken angeregt, z. B. durch rhetorische Fragen, Übungen, Teilnehmerreferate usw.
- Alle Teilnehmenden werden z. B. durch Diskussionen, Aufgaben und Übungen immer wieder dazu aktiviert mitzuarbeiten.
- Es wird Wert darauf gelegt, dass die Teilnehmenden ihre eigenen Konzepte, Einstellungen und Werte einbringen und reflektieren.

Beispiel.

Stellen Sie sich vor, Sie haben ein Problem mit Ihrem PC. Sie können einen technikaffinen Kollegen fragen, der für Sie das Problem löst, oder aber Sie setzen sich selbst daran und finden mühevoll in Eigenregie heraus, wie Sie es lösen können. Wenn Sie sich Hilfe geholt haben, werden Sie die Art und Weise, wie das Problem zu lösen war, sicherlich bald vergessen haben. Haben Sie jedoch die Lösung selbst herausgefunden, wird sie Ihnen lange im Gedächtnis bleiben. Sie haben dann im praktischen Zusammenhang etwas gelernt, indem Sie verschiedene Lösungswege selbst ausprobiert haben. Sie haben damit also genau das getan, was notwendig ist, um Ihrem Gehirn langfristig etwas beizubringen.

Modell 2: Die Kraft der Gruppe

Zusammen lernt es sich leichter. In der Gruppe entwickelt sich eine ganz eigene Kraft, die viele Menschen darin unterstützt, zu lernen und manchmal sogar über sich selbst hinauszuwachsen. Zusammen lernt es sich leichter, weil zu der eigenen Motivation noch der Wunsch hinzukommt, zur Gruppe dazuzugehören. Diese Effekte können Sie nutzen, indem Sie bewusst Partner- und Gruppenarbeiten einsetzen und Wert darauf legen, dass alle Teilnehmenden zu jeder Zeit mitarbeiten können.

Didaktik in Kurzform

Es gibt noch viele weitere, teilweise sehr unterschiedliche didaktische Modelle. Zusammengefasst ergibt sich aus ihnen folgendes Fazit für die Arbeit im Training, Seminar oder Workshop: Wichtig ist, dass die Teilnehmenden mit Kopf (kognitiv), Herz (affektiv) und Hand (psychomotorisch) lernen können, da unterschiedlich beanspruchte Sinne auch verschiedene Hirnregionen ansprechen. Werden all diese Sinne aktiviert, können die Teilnehmenden das Gelernte intensiver verarbeiten und nachhaltig im Langzeitgedächtnis verankern.

Die folgenden drei zentralen Grundsätze können Ihnen dabei helfen, didaktisch erfolgreich Wissen zu vermitteln.

Grundsatz 1: Erlauben Sie Fehler!

Schaffen Sie eine positive Fehlerkultur. Nur wer die Freiheit hat, auch Fehler machen zu dürfen, lernt aus ihnen. Ermuntern Sie die Teilnehmenden, gerne mit Humor, möglichst viele Fehler zu machen. Da wir uns eher an negative Erfahrungen erinnern als an positive, bleiben diese Erfahrungen besonders gut im Gedächtnis. Denken Sie an Ihre Kindheit: Wir alle könnten nicht laufen, wenn wir nicht auch einige dutzend Male hingefallen wären.

Die ausdrückliche Erlaubnis, Fehler machen zu dürfen, nimmt den Teilnehmenden die Angst, neues Wissen auszuprobieren.

Grundsatz 2: Binden Sie die Teilnehmer aktiv mit ein!

Binden Sie die Erfahrungen und Fragen der Teilnehmer aktiv in die Veranstaltung mit ein.

Beispiel:

Lassen Sie die Teilnehmenden in Kleingruppen Aufgaben bearbeiten.

Regen Sie einen sog. Expertenkreis an, in dem jeder sein Wissen und seine Erfahrungen zum Thema offenlegt.

Es gibt viele Möglichkeiten, Teilnehmer aktiv mit einzubinden. Im Kapitel „Neuer Inhalt für Ihren Methodenkoffer“ werde ich noch näher darauf eingehen.

Grundsatz 3: Verknüpfen Sie Lerninhalte mit der Praxis der Teilnehmenden!

Inhalte werden durch erfahrungsorientiertes Lernen, mit konkreten Beispielen aus dem beruflichen Alltag der Teilnehmenden, besonders nachhaltig verankert. Überlegen Sie sich schon bei der Planung der Veranstaltung, welche Praxisbeispiele zu den Teilnehmenden und den jeweiligen Inhalten passen, so dass von Anfang an ein guter Bezug zwischen Lernziel, Seminarinhalt und Praxisnutzen zu erkennen ist.

Beispiel:

> Sie können gleich am Anfang der Veranstaltung die Fragen der Teilnehmenden zum Thema zusammentragen und visualisieren. Am Ende fordern Sie die Teilnehmenden dann auf, sie mit Hilfe des neu erworbenen Wissens zu beantworten.

Train-the-Trainer-Ausbildungen (z. B. www.andrea-lienhart.de) bieten spezielle Seminare zu den Themen Methodik und Didaktik an.

10 gute Ideen, um Wissen zu verankern

1 Schlagen Sie Brücken zwischen Neu und Alt: Erwachsene lernen umso leichter, je mehr die neuen Inhalte an bereits vorhandene Bewusstseins- und Vorstellungsinhalte geknüpft werden können. Außerdem fällt es ihnen leichter, etwas Neues zu lernen, wenn es in der Praxis oder im Arbeitsalltag konkret angewendet werden kann.

2 Wiederholen Sie sich: Schaffen Sie bewusst Wiederholungssequenzen in Ihren Seminaren. Die Teilnehmenden können das neue Wissen am besten verankern, wenn sie immer wieder die Gelegenheit haben, die Inhalte zu wiederholen. In der Methodensammlung im Kapitel „Neuer Inhalt für Ihren Methodenkoffer" finden Sie Anregungen, wie Inhalte kreativ und spielerisch repetiert werden können.

3 Kreieren Sie Erfolgsmomente: Das Gefühl „Ich kann es!", „Ich schaffe das!", ist die beste Belohnung für Bemühungen. Das setzt voraus, dass die Aufgaben, die an die Teilnehmenden gestellt werden, auch zu bewältigen sind. Überfordern Sie sie also nicht. Nur wenn das richtige Maß zwischen neuem und schon bekanntem Wissen getroffen ist, kann ein Motivationskreislauf entstehen: Lernen – Erfolg haben – Glück empfinden – Weiter lernen.

4 Lassen Sie Bilder sprechen: Egal ob Sie Abbildungen oder Filme zeigen – Bilder sind besonders gut geeignet, um unsere Emotionen anzusprechen. Außerdem können wir uns besser an etwas erinnern, was wir gehört *und* gesehen haben.

5 Erzählen Sie Geschichten: Nutzen Sie Geschichten, um etwas zu erklären. Vermeiden Sie abstrakte Begriffe und Formulierungen. Beispiele aus der Praxis und Anekdoten lassen die Lerninhalte im Kopf des Gegenübers lebendig werden und lösen in ihm Gefühle aus, mithilfe derer sich das neue Wissen besser verankert.

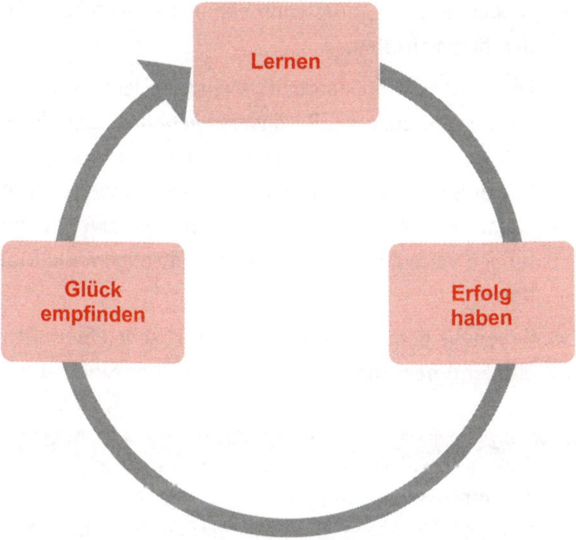

Motivationskreislauf

6 Tauchen Sie ein in den Alltag der Teilnehmer: Stellen Sie immer wieder konkrete Verbindungen zum Wissen und zum beruflichen Alltag der Teilnehmenden her. So können diese die neuen Inhalte mit bereits vorhandenem Wissen verknüpfen.

7 Schaffen Sie eine positive Fehlerkultur: Jemand, der Angst hat, etwas falsch zu machen, kann nicht gut lernen. Zum Lernen gehört es dazu, einfachste Fragen stellen zu können und Fehler machen zu dürfen.

8 Praktizieren Sie „sinnliches" Lernen: Am besten können sich Teilnehmende Inhalte einprägen, wenn sie mit allen Sinnen lernen. Versuchen Sie so oft wie möglich Erinne-

rungen an eine Sinneswahrnehmung bei den Teilnehmenden hervorzurufen.

9 Fördern Sie Gruppenarbeit: Menschen lernen besser und leichter mit anderen. Besonders wichtig ist diese Erkenntnis, wenn Verhaltensänderungen erreicht werden sollen. Bauen Sie Partner- und Kleingruppenübungen in Ihre Seminare ein. Auch Lerngruppen zwischen zwei Veranstaltungen verfestigen das Gelernte und steigern die Motivation.

10 Geben Sie dem Gelernten einen praktischen Sinn: Das Gehirn lernt besonders gerne, wenn es einen Sinn darin sieht.

Auf einen Blick: Vom Lehren und Lernen

- Die Lernpsychologen definieren Lernen als eine Veränderung des Verhaltens, Denkens oder Fühlens aufgrund von neu gewonnenen Einsichten und Erfahrungen. Das kann absichtlich oder auch beiläufig geschehen.
- Jeder lernt anders. Lernen funktioniert daher nur, wenn es typgerecht vermittelt wird. Die einen müssen sehen, die anderen müssen hören, wieder andere müssen fühlen, um Wissen in sich verankern zu können.
- Lernen ist besonders effizient, wenn in unserem Gehirn Vernetzungen aktiviert werden. Einem Trainer gelingt dies dann, wenn er alle Sinne der Teilnehmer ansprechen kann.
- Trainer sind zwar keine Pädagogen, trotzdem sollten sie wissen, wie das Lehren und Lernen am besten funktioniert. Dabei helfen ihnen Grundkenntnisse in Didaktik und Methodik weiter.

Ihr Auftrag

Ob Ihr Kunde später mit dem Seminar zufrieden ist und Sie noch einmal bucht, entscheidet sich oft bereits bei der Auftragsverhandlung. Welche Ziele verfolgt Ihr Gegenüber mit der Veranstaltung? Wer nimmt teil, und welche Rahmenbedingungen gibt es? All dies und noch viel mehr gilt es zu klären, bevor der Auftrag unterschrieben wird.

In diesem Kapitel erfahren Sie u.a.,

- wie Sie herausfinden, was Ihr Gesprächspartner wirklich will,
- wie Sie potenzielle Auftraggeber von sich überzeugen,
- welche Fragen Sie stellen sollten, um böse Überraschungen zu vermeiden,
- welche Aufträge Sie nicht annehmen sollten,
- wie Sie sich Honorarverhandlungen leichter machen.

Wie Sie herausfinden, was Ihr Auftraggeber wirklich will

Beispiel:

„Guten Tag, mein Name ist Müller. Ich arbeite in der Personalabteilung des Unternehmens XY. Sie sind uns empfohlen worden. Im Moment sind wir auf der Suche nach einem Trainer für unsere Nachwuchsführungskräfte. Die sollen auf ihre neue Aufgabe vorbereitet werden."

Solche oder so ähnliche Anfragen gehören zum Alltag eines Trainers. Ob daraus tatsächlich ein erfolgreicher Auftrag für Sie wird, hängt von Ihrer Fachkompetenz und Ihrer Persönlichkeit ab, aber auch davon, wie professionell Sie den Auftrag entgegennehmen und bearbeiten.

Die Auftragsklärung ist ein Prozess, der sich sehr individuell gestaltet. Manche Auftraggeber haben sich gut vorbereitet und können ganz konkret benennen, worum es geht und was sie von Ihnen erwarten. Andere wiederum sind sich noch gar nicht im Klaren darüber, was ihr eigentliches Anliegen ist. Im Beispiel oben kommt vielleicht heraus, dass der potenzielle Auftraggeber noch gar nicht so genau weiß, was er seinen Nachwuchsführungskräften anbieten will. Ein Seminar, ein Training, einen Workshop, Coaching oder Mentoring – oder vielleicht von allem ein bisschen?

Lassen Sie sich bei der Auftragsklärung auf das Tempo Ihres Gegenübers ein und drängen Sie nicht zu schnellen Entscheidungen, mit denen niemandem geholfen ist.

Das Auftragsgespräch

Das persönliche Erstgespräch bietet Ihnen die Chance, möglichst genau herauszufinden, welche Ziele der Auftraggeber verfolgt. Je genauer Sie wissen, welche Erwartungen Ihr Auftraggeber hat, umso erfolgreicher wird Ihr Seminar oder Workshop sein.

Die Vorbereitung

Ist der persönliche Termin bei Ihrem Aufraggeber vereinbart, kann Ihnen die Beantwortung folgender Fragen helfen, sich gut auf das Gespräch vorzubereiten.

- Was wissen Sie über das Unternehmen?
- Was sollte das Unternehmen über Sie wissen?
- Welchen Nutzen hat der Auftraggeber, wenn er mit Ihnen zusammenarbeitet?
- Was ist Ihr Nutzen?

Der erste Kontakt

Damit eine Vertrauensbasis für eine gute Zusammenarbeit entstehen kann, geht es beim ersten Treffen mit einem potenzielle Auftraggeber darum,

1. einen guten, persönlichen Kontakt zum Auftraggeber herzustellen,
2. zu verstehen, was Ihr Gegenüber möchte und braucht,
3. Vereinbarungen für das weitere Vorgehen zu treffen.

Zu diesem Zeitpunkt müssen Sie noch kein fertiges Konzept präsentieren. Das wäre auch denkbar schwierig, da Sie gerade erst erfahren haben, worum es überhaupt geht.

Beispiel:

Sie können das Gespräch folgendermaßen beginnen: „Vielen Dank, dass Sie mich eingeladen haben. Mein Vorschlag ist, dass Sie mir erst einmal erzählen, was der Grund Ihrer Anfrage ist und worum es Ihnen geht. In einem zweiten Schritt kann ich Ihnen sagen, welche Gedanken und Ideen ich dazu habe. Danach schauen wir weiter. Sind Sie mit diesem Vorgehen einverstanden?"

Techniken für die Gesprächsführung

Im Folgenden sind ein paar grundlegende Techniken der Gesprächsführung aufgeführt, die Ihnen im Kundenkontakt sicherlich weiterhelfen – unabhängig davon, ob es sich um einen Erstkontakt handelt oder ob Sie bereits mit einem Kunden zusammengearbeitet haben.

Hören Sie aufmerksam zu

Im Erstgespräch kommt es nicht darauf an, dass Sie viel reden. Im Gegenteil. Helfen Sie Ihrem Auftraggeber die passende Vorgehensweise zu finden, indem Sie ihm insbesondere zu Beginn des Gesprächs aufmerksam zuhören. Damit dies gelingt, sollten Sie die folgenden Regeln beachten.

Die sieben goldenen Regeln für gutes Zuhören	
1.	Lassen Sie Ihr Gegenüber ausreden.
2.	Fassen Sie immer wieder sinngemäß zusammen.
3.	Fragen Sie immer wieder nach, inwieweit Sie alles richtig verstanden haben.
4.	Hören Sie auch das, was Ihr Gegenüber zwischen den Zeilen sagt.
5.	Seien Sie geduldig und lassen Sie Ihrem Gesprächspartner genügend Zeit.
6.	Beachten Sie seine Körpersprache.
7.	Seien Sie konzentriert.

Die meisten Menschen fühlen sich wohl, wenn sie den Eindruck haben, dass ihr Gesprächspartner ihnen zuhört und ihren Gedanken folgt. Sie bestätigen, dass Sie aufmerksam und aktiv zuhören, indem Sie in das Gespräch hin und wieder z. B. Folgendes einstreuen:

- Das hört sich interessant an.
- Ich verstehe Sie so, dass Sie ...
- Woran denken Sie dabei genau?
- Das ist ein wichtiger Gedanke.

> Wenn der Auftraggeber sich verstanden und bestätigt fühlt, wird ihm später die Entscheidung, den Auftrag an Sie zu vergeben, leichter fallen.

Fragen über Fragen

Die richtige Frage zur richtigen Zeit kann ausschlaggebend für einen Akquiseerfolg sein. Aber Achtung: Frage ist nicht gleich Frage. Es gibt unterschiedliche Fragetypen, die Sie in der Gesprächsführung gezielt einsetzen sollten.

Sicherlich kennen Sie offene und geschlossene Fragen.

- Geschlossene Fragen: Solche Fragen können nur mit „Ja" oder „Nein" beantwortet werden. Beispiel: „Haben Ihre Mitarbeiter schon einmal an einem Seminar zum Thema teilgenommen?" Geschlossene Fragen helfen immer dann, wenn es darum geht, ein Thema abzuschließen und/oder Entscheidungen zu treffen. Deshalb ist es immer gut, am Ende eines Gesprächs geschlossene Fragen zu stellen.
- Offene Fragen: Solche Fragen verlangen eine ausführlichere Antwort vom Gegenüber als ein schlichtes „Ja" oder „Nein". Beispiel: „Was ist der Nutzen, den Ihre Mitarbeiter aus dem Training ziehen sollten?" Offene Fragen haben immer den Vorteil, dass Sie Ihren Gesprächspartner damit auffordern, genauer nachzudenken und sich mitzuteilen.

Es gibt noch eine ganze Reihe weiterer Fragetypen. Für die Auftragsklärung sind die folgenden besonders hilfreich.

Frage-typ	Technik	Ziele
Zirkuläre Fragen	Der Befragte wird zu einem Perspektivwechsel aufgefordert. Beispiel: „Wenn Sie sich in die Lage der Teilnehmenden versetzen: Was glauben Sie, was sich diese für das Training wünschen?"	Einführung der Außenperspektive, Einführung neuer Sichtweisen, Verständnis für andere wecken
Hypothetische Fragen	Der Befragte soll sich in eine hypothetische Situation hineinversetzen. Beispiel: „Mal angenommen, Sie hätten völlig freie Hand und ausreichend finanzielle Mittel. Welche Vorgehensweise würde Ihnen dann am besten zusagen?"	Diese Fragetechnik hilft besonders, Ja-aber-Argumente auszuhebeln, da der Gefragte sich völlig frei machen muss von vorhandenen Handlungseinschränkungen, um zu antworten. Zudem werden neue Sicht- und Verhaltensweisen ermöglicht.
Futur II-Fragen	Der Befragte wird dazu aufgefordert, eine Situation aus der Zukunft zu betrachten. „Stellen Sie sich vor, die Trainings sind vorbei und wir haben die Ziele erreicht. Woran würden Sie den Erfolg erkennen?"	Mit dieser Technik lassen sich gut verdeckte Erwartungen aufzeigen und Wünsche konkretisieren.

Frage-typ	Technik	Ziele
Paradoxe Fragen	„Was müsste passieren, damit das Training ein Reinfall wird?" Die paradoxe Frage wirkt immer verstörend, und genau das ist auch deren Sinn. Besonders bei sehr festgefahren Situation sind sie hilfreich. Bei einem Erstkontakt sollten Sie jedoch diese Fragetechnik nicht anwenden.	Bewusster Perspektivenwechsel, damit Handlungsoptionen und Einflussmöglichkeiten deutlicher werden.

Fragenkatalog: Auftragsklärung

Wenn Sie genau wissen, was von Ihnen erwartet wird, können Sie überprüfen, inwieweit Sie diese Erwartungen auch erfüllen können und wollen. Folgende Fragen können Ihnen dabei helfen herauszufinden, welche Erwartungen Ihr Gesprächspartner hat.

Ziele

- Was ist der Grund, das Seminar oder den Workshop durchzuführen?
- Gibt es einen konkreten Anlass für den Bedarf?
- Wie und von wem stammt der Impuls zu oder der Wunsch nach diesem Seminar oder Workshop?

- Ist das Angebot Teil eines umfangreichen Qualifizierungsprozesses? Wenn ja: Was sind die übergeordneten Ziele?
- Welche Maßnahmen sind vorangegangen?
- Ist dieses oder ein ähnliches Seminar schon einmal abgehalten worden? Wenn ja: Was waren die Ziele, wie gestaltete sich der Ablauf, was waren die Inhalte und Resultate?
- Was soll sich nach dem Seminar oder Workshop verändern?
- Woran kann der Erfolg konkret gemessen werden?
- Gibt es konkrete Erwartungen/Wünsche/Befürchtungen?
- Was darf auf keinen Fall passieren?
- Was glaubt der Auftraggeber, was die Teilnehmer in dem Seminar erreichen wollen?
- Welchen Titel soll die Veranstaltung tragen?

Zielgruppe

- Wer ist die Zielgruppe?
- Welche Vorkenntnisse und Vorerfahrungen haben die Teilnehmenden?
- Was sind die aktuellen Aufgaben und Arbeitsfelder der Teilnehmenden?
- Kennen sich die Teilnehmenden untereinander?
- Wie motiviert sind sie bezogen auf das Thema?

- Welche Vorerfahrung haben sie im Hinblick auf das Thema und die Vorgehensweise? Gibt es Vorbehalte?
- Gibt es latente und/oder offene Konflikte?
- Nach welchen Kriterien findet die Auswahl der Teilnehmenden statt?

Rahmenbedingungen

- Wann genau soll das Training stattfinden?
- Wie lange soll es dauern?
- Wo soll es stattfinden – inhouse, außerhalb?
- Wie viel Budget steht für das Training zur Verfügung?
- Wie und von wem erhalten die Teilnehmer die Informationen zum Training?
- Welche Vor- und Nachbereitung wird erwünscht?

Den Fragenkatalog finden Sie zum Download auf der „Arbeitshilfen online"-Seite zu diesem TaschenGuide, in der Rubrik „Kommunikation & Soft Skills" (www.haufe.de/arbeitshilfen; Buchcode TGA-HL12).

Der richtige Ort für das Auftragsgespräch

Entscheiden Sie ganz bewusst, wo das Erstgespräch stattfinden soll: beim Auftraggeber, in Ihren Räumen oder an einem neutralen Ort, z.B. in einem Café?

Die Vorteile, wenn Sie zum Auftraggeber fahren:

- Sie sehen sein Unternehmen und können sich einen ersten Eindruck verschaffen.
- Sie erleben den Auftraggeber in seinem Kontext.
- Sie sehen ggf. die Räumlichkeiten vor Ort, in denen Ihr Seminar stattfinden wird.
- Sie lernen eventuell potenzielle Teilnehmer kennen.
- Es ist für den Auftraggeber bequem.

Die Vorteile, wenn der Auftraggeber zu Ihnen kommt:

- Er kann in einem geschützten Raum sein Anliegen besprechen.
- Der Auftraggeber nimmt eine andere Perspektive ein: Er ist nicht Hausherr, sondern Gast. Dies kann sich auf das Gespräch förderlich auswirken.
- Keine Verunsicherung bei Mitarbeitenden: „Wer ist das denn, was will die denn hier?"
- Sie müssen ggf. keine weiten Strecken zurücklegen.

> Als Trainer verkaufen Sie eine Dienstleistung, und so sollten Sie ihr Angebot auch präsentieren: kundenfreundlich, serviceorientiert und an den Bedarfen und den Wünschen des Auftraggebers orientiert.

Ziele vereinbaren – Erfolge sichern

Der amerikanische Schriftsteller Mark Twain hat einmal gesagt: „Wer nicht weiß, wo er hin will, darf sich nicht wundern, wenn er woanders ankommt". Dieses Zitat beschreibt sehr treffend, wie wichtig es ist, Ziele klar zu definieren. Nun gibt es unklare Ziele und Ziele, die schlichtweg nicht umzusetzen sind. Wünsche von Auftraggebern, wie z. B.: „Ich will, dass es nach dem Workshop keine Konflikte mehr gibt", sind nicht realistisch und können folglich auch nicht erreicht werden. Das sollten Sie Ihrem Auftraggeber auch mitteilen. Unterstützen Sie ihn darin, umsetzbare Ziele zu finden.

Es ist eher die Regel als die Ausnahme, dass sich ein Auftraggeber zu Beginn noch im Unklaren über diejenigen Ziele ist, die er mit Ihrer Hilfe erreichen will. Nehmen Sie sich ausreichend Zeit für die Zielfindung. Das zahlt sich aus, denn klar und deutlich formulierte Ziele helfen dabei, sich auf das Seminar oder den Workshop

- effizient vorzubereiten,
- Prioritäten zu bestimmen,
- die Zeit gut einzuteilen,
- eine nachvollziehbare Lernstruktur zu erarbeiten,
- Konflikte zu verhindern,
- den Auftraggeber zufrieden zu stellen,
- erfolgreich zu sein.

Gute Ziele sind SMART

Unterstützen Sie den potenziellen Auftraggeber dabei, seine Ziele zu erarbeiten und zu formulieren, denn oftmals braucht er ihre Unterstützung. Je klarer die Ziele definiert sind, desto einfacher werden die Planung, die Durchführung und die Erfolgskontrolle des Trainings bzw. Workshops.

> Erinnern Sie sich an eine Situation, in der Sie selbst Kunde waren: Oftmals ist es doch so, dass wir erst einmal Informationen zu dem Produkt oder der Dienstleistung haben wollen und einen Überblick darüber, welche Auswahl oder welche Möglichkeiten es gibt. Die Fragen des Verkäufers können helfen, unsere Vorstellungen von dem, was wir brauchen, zu konkretisieren.

In der Praxis hat sich für eine gute Zielentwicklung die SMART-Methode bewährt. SMART ist ein Akronym, das für die folgenden Grundsätze steht.

S	Specific (Spezifisch)	Das Ziel wird konkret, eindeutig und präzise formuliert, nicht vage und schwammig.
	Statt: „Die Mitarbeiter sollen nicht mehr so lange brauchen, um Beschwerden zu bearbeiten." Besser: „Beschwerden werden innerhalb von 48 Stunden bearbeitet."	
M	Measurable (Messbar)	Das Ziel ist überprüfbar.
	Statt: „Den Teilnehmenden hat das Seminar gefallen." Besser: „Das Feedback der Teilnehmenden zum Seminar liegt, auf einer Skala von 1 bis 5, im Gesamtdurchschnitt bei über 4."	

<table>
<tr><td rowspan="2">A</td><td>Accepted
(Akzeptiert)</td><td>Das Ziel muss für die Beteiligten attraktiv sein. Formulieren Sie es so, als ob es bereits erreicht worden wäre. Achten Sie darauf, das zu formulieren, was geändert werden soll; nicht das, was nicht geändert werden soll.</td></tr>
<tr><td colspan="2">Statt: „Die Teilnehmenden machen sich mit der Software XY vertraut."
Besser: „Am Ende des Trainings können alle Teilnehmenden die Software XY selbstständig anwenden."</td></tr>
<tr><td rowspan="2">R</td><td>Realistic
(Realistisch)</td><td>Ziele dürfen zwar ehrgeizig gewählt sein, sollten jedoch auch tatsächlich erreichbar sein.</td></tr>
<tr><td colspan="2">Statt: „Die Teilnehmenden werden in Zukunft bei Präsentationen kein Lampenfieber mehr haben."
Besser: „Am Ende des Trainings haben alle Teilnehmenden eine 10-minütige Präsentation und eine Feedbackrunde vor der Gruppe und dem Trainer absolviert."</td></tr>
<tr><td rowspan="2">T</td><td>Time framed
(Terminierbar)</td><td>Es sollte genügend Zeit für die Umsetzung sein. Der Endzeitpunkt sollte konkret benannt werden.</td></tr>
<tr><td colspan="2">Statt: „Bis zum Frühjahr werden die Teilnehmenden die Ziele umsetzen."
Besser: „Am 12.04. haben alle Teilnehmenden alle vereinbarten Ziele umgesetzt."</td></tr>
</table>

Halten Sie die gemeinsam herausgearbeiteten Ziele schriftlich fest und fragen Sie abschließend noch einmal nach, inwieweit Sie alles richtig verstanden haben. So schließen Sie Missverständnisse aus.

Bitte Sie den Auftraggeber, den Teilnehmenden die Ziele bereits in der Einladung mitzuteilen. So wissen diese genau, wozu die Veranstaltung dienen soll. Sie können sich dann entsprechend darauf einstellen und ggf. darauf vorbereiten.

> Auch später sollten die Ziele präsent sein. Schreiben Sie sie zu Beginn des Trainings auf ein Plakat, das dann die ganze Zeit sichtbar bleibt. Damit können Sie den Teilnehmenden die Ziele noch einmal ins Bewusstsein rufen und sie durch eine Rückfrage dazu („Sind Sie damit einverstanden?") mit ins Boot holen.

Passen Sie zu den Zielen des Auftraggebers?

Wenn der Auftrag klar ist und die Ziele vereinbart sind, sollten Sie sich, im Anschluss an die Gespräche mit dem Auftraggeber, folgende Fragen stellen:

- Hatte ich einen guten Kontakt zu dem Auftraggeber?
- Habe ich sein Anliegen gut verstanden?
- Interessiert mich diese Aufgabenstellung?
- Bin ich die oder der Richtige für diesen Auftrag?

Wenn Sie diese Fragen mit „Ja" beantworten können, ist die Zeit reif für ein Angebot.

Aufträge, die Sie nicht annehmen sollten

Jeder erfahrene Trainer kennt das: Er hat eine Anfrage für ein Seminar oder einen Workshop, bei der er ein ungutes Gefühl hat. Manchmal resultiert dieses Störgefühl einfach nur daraus, dass der Auftrag und die Ziele nicht deutlich genug vereinbart wurden. Dann hilft es in der Regel, ein weiteres Gespräch zu führen, um die offenen Fragen zu klären. Es gibt jedoch auch andere Fälle, in denen es nicht so leicht ist, Abhilfe zu schaffen. Dann kann die einzige richtige Entscheidung diejenige sein, den Auftrag abzulehnen.

Nein zu sagen ist gar nicht so einfach, vor allem, wenn es sich um einen lukrativen Auftrag handelt. In den folgenden Fällen ist es jedoch erfahrungsgemäß besser, den Auftrag abzulehnen.

- Der Auftrag entspricht nicht Ihren Werten oder Ihrem Verständnis als Trainerin.

Beispiel:

Sie werden gebeten, ein Verkaufstraining zu gestalten, mit dem die Verkäufer lernen sollen, Menschen Sachen zu verkaufen, die diese nicht haben wollen, oder ihnen Angebote zu machen, die überteuert oder unseriös sind.

- Das Ziel ist nicht sinnvoll, unklar oder unrealistisch.
- Das Honorar entspricht nicht Ihren Vorstellungen oder steht nicht in angemessener Relation zum Aufwand.
- Sie haben kein Vertrauen zum Auftraggeber.
- Der Auftrag passt nicht zu Ihrem Trainingsprofil.

Einen „schlechten" Auftrag erkennen Sie auch an folgenden Indikatoren: Sie haben keine Lust auf die Auftragsbearbeitung oder schieben die Entscheidung immer wieder vor sich her. Nehmen Sie solche Verhaltensweisen und Empfindungen ernst. Vielleicht sind sie ein ernst zu nehmender Hinweis darauf, diesen Auftrag besser nicht anzunehmen.

> Sollten Sie nach eingehender Prüfung feststellen, dass Sie nicht die Richtige für diesen Auftrag sind, lehnen Sie nicht einfach nur ab. Helfen Sie dem potenziellen Auftraggeber dabei, eine gute Lösung zu finden, z.B. indem Sie einen anderen Trainer empfehlen oder andere Lösungswege für die gewünschten Ziele aufzeigen. Für diese Unterstützung werden Sie Dankbarkeit und vor allem Vertrauen ernten.

Keine Angst vor einem Nein

Vor allem Neulinge im Geschäft nehmen so manchen Auftrag an, den sie besser nicht annehmen sollten, weil sie z.B. Angst haben,

- zu wenige Aufträge zu haben,
- sich auf dem Markt nicht etablieren zu können,
- einen Kunden zu verlieren.

Angst ist jedoch keine gute Ratgeberin, wenn es darum geht, wichtige Entscheidungen zu treffen. Ob Sie einen Auftrag annehmen oder nicht, sollten Sie auf der Basis rationaler Entscheidungskriterien und anhand Ihrer Intuition überprüfen. Wenn Sie danach trotzdem noch unsicher sind, schlafen Sie mindestens eine Nacht darüber und/oder tauschen Sie sich mit Trainerkollegen über Ihre Zweifel aus.

Eine klares Nein zu Aufträgen, die Sie, aus welchen Gründen auch immer, nicht annehmen, hat entscheidende Vorteile: Sie bleiben sich treu und werden effizienter, da Sie Ihre Energie für Projekte einsetzen können, die Ihnen wichtig sind. Nutzen Sie diese Zeit für konzeptionelle Arbeit, Marketing und Akquise bei Kunden, mit denen Sie wirklich gerne zusammen arbeiten wollen.

Ein Nein kann sich übrigens auch positiv auf Ihre Auftragslage auswirken: Sie machen damit deutlich, dass Sie Ihre Kompetenzen kennen und nicht um jeden Preis zu haben sind. Vielleicht wird Sie der Auftraggeber nach einer Empfehlung bitten. Meistens dauert es nicht lange und die empfohlenen Kollegen schicken ihrerseits einen Auftrag in Ihre Richtung.

Das Angebot

Nach der Auftragsklärung geht es für selbstständige Trainer im nächsten Schritt darum, ein Angebot für den Auftraggeber zu erstellen. Es enthält verschiedene Informationen: das Thema, einen entsprechenden Ausschreibungstext, Ziele und Inhalte der Veranstaltung, die Dauer und den Ort der Veranstaltung, die Anzahl der Teilnehmenden, Allgemeine Geschäftsbedingungen, Stornoregelungen, Ihre Honorarvorstellungen und Zusatzkosten, die Sie dann ggf. als Verhandlungsmasse einsetzen können, wie z.B. Fahrtkosten und Spesen, Kosten für Konzeption, Fotoprotokoll, Handouts etc.

Angebot:

Der Trainer führt im Auftrag des Kunden für die von ihm benannten Teilnehmer das folgende Seminar durch: .... Das Seminar verfolgt folgende Ziele: ....

Das Seminar findet statt vom .... bis zum .... in ..../im Hotel ..../im Unternehmen des Kunden.

Die Teilnehmerzahl für dieses Seminar beträgt mindestens .... und höchstens ....

Der Preis für das Seminar beträgt insgesamt .... Euro/pro Teilnehmer .... Euro zuzüglich der gesetzlichen MwSt.

Bei Seminaren außerhalb des Kundenunternehmens: Der Kunde trägt die Kosten für die Anreise und die Unterbringung der Teilnehmer. Der Tagungsraum inklusive der erforderlichen Ausstattung, Mittagessen und Getränke während der Veranstaltung werden vom Trainer bereitgestellt. Die Kosten hierfür sind im Seminarpreis enthalten.

Jeder Teilnehmer erhält ein Handout. Die Kosten hierfür sind im Seminarpreis enthalten. Der Kunde erhält nach der Veranstaltung ein Fotoprotokoll, dessen Kosten ebenfalls im Seminarpreis enthalten sind.

Auf die diesem Angebot beigelegten Allgemeinen Geschäftsbedingungen wird verwiesen.

Diese Angebotsvorlage finden Sie zum Download auf der „Arbeitshilfen online"-Seite zu diesem TaschenGuide, in der Rubrik „Kommunikation & Soft Skills" (www.haufe.de/arbeitshilfen; Buchcode TGA-HL12).

10 Tipps für die Honorarverhandlung

1 Eine Marktanalyse gibt Sicherheit: Kennen Sie die Marktpreise für vergleichbare Seminare oder Workshops? Wie hoch sind sie? Recherchieren Sie genaue Summen, um die Balance halten zu können zwischen überhöhten und zu niedrig angesetzten Honoraren.

2 Kalkulieren Sie: Optimal vorbereitet auf Verhandlungen sind Sie, wenn Sie eine Preisspanne kalkulieren. Das Honorar muss selbstverständlich nicht nur alle Kosten tragen, die Ihnen entstehen, sondern auch gewinnbringend sein. Wenn es das nicht ist, sollten Sie gute Gründe dafür haben, z. B. weil es Ihr erster Auftrag in einem Unternehmen ist, mit dem Sie gerne langfristig zusammen arbeiten möchten.

3 Lernen Sie Ihren Marktwert kennen: Es macht einen Unterschied, ob Sie als Berufsanfänger oder als erfahrener und professioneller Trainer bzw. Moderator ein Angebot erstellen. Tauschen Sie sich mit Kollegen über die Preise aus. Vermeiden Sie Preise nach Bauchgefühl.

4 Streben Sie Win-win-Situationen an: Versetzen Sie sich in Ihren Auftraggeber hinein. Welche Wünsche, Interessen und welche Ziele hat er? Überlegen Sie gemeinsam, wie

eine Lösung gefunden werden kann, mit der möglichst alle Beteiligten als Gewinner aus der Verhandlung gehen.

5 Sammeln Sie Ihre Argumente: Was spricht für Ihre Honorarvorstellungen? Wichtig ist, dass Sie wissen, was Sie zu bieten haben. Wollen Sie mehr Honorar, als der Auftraggeber Ihnen anbietet, werden Sie nach Gründen gefragt. Untermauern Sie Ihre Vorstellungen mit Beispielen, Fakten und Zahlen. Stellen Sie eine Liste darüber zusammen, was Sie bisher alles geleistet haben. Haben Sie Referenzen? Fällt Mehrarbeit durch Konzeption an? Auf welcher Ebene im Unternehmen ist die Zielgruppe angesiedelt? Handelt es sich um Führungskräfte oder Mitarbeitende? Je höher die Ebene ist, desto höher kann Ihr Honorar ausfallen. Und vergessen Sie nicht, sich gut auf Einwände Ihres Gegenübers vorzubereiten.

6 Trainieren Sie Ihren Auftritt: Überlegen Sie vorab, wie Sie stichhaltige Argumente möglichst gezielt platzieren können. Üben Sie im Rollenspiel die professionelle Präsentation Ihrer Leistungen. Wählen Sie Ihre Worte bewusst: Verzichten Sie auf Konjunktive („würde", „könnte") und sprachliche Weichmacher wie „vielleicht", „eventuell" oder „ein bisschen". Achten Sie auf Blickkontakt und eine aufrechte, Ihrem Gegenüber zugewandte Körperhaltung.

7 Arbeiten Sie an Ihrer inneren Haltung: Sie sind kein Bittsteller, sondern haben das Recht, bei entsprechender Leistung auch ein angemessenes Honorar zu beanspruchen. Treten Sie ruhig und selbstbewusst auf. Heben Sie Ihren Nutzen für das Unternehmen hervor und betonen Sie Gemeinsamkeiten.

8 Loten Sie Zusatzleistungen aus: Wenn der Auftraggeber beim Honorar keinen Spielraum zulässt, können Sie versuchen, über die Zusatzposten ein Entgegenkommen zu erwirken, z.B. indem der Auftraggeber Abstriche macht bei der Konzeption, dem Handout, dem Fotoprotokoll. Vielleicht können Sie sich aber auch über höhere Fahrtkosten oder Spesen einigen.

9 Klasse statt Masse: Lassen Sie sich bei besonders niedrigen Honoraren nicht durch ein großes Auftragsvolumen verführen. Solche Aufträge kosten viel Zeit, und das geht meist zu Lasten der Freizeit. Niemand kann dauerhaft ohne Erholungszeiten arbeiten. Ihre Arbeitskraft ist Ihr Kapital. Langfristig gesehen untergraben Sie damit Ihre Leistungsfähigkeit und schaden sich am Ende nur selbst.

10 Wenn es mal nicht klappt: Selbst wenn Sie beim ersten Mal den Zuschlag für den Auftrag nicht erhalten, gehen Sie konstruktiv mit der Absage um. Analysieren Sie, fragen Sie nach Gründen und verhandeln Sie gegebenenfalls neu. Und falls langfristig keine Lösung in Sicht ist? Dann denken Sie über mögliche Konsequenzen nach: Vielleicht sollten Sie sich ein zweites Standbein schaffen oder aber Ihr Angebotsspektrum verändern?

Auf einen Blick: Ihr Auftrag

- Nur wer ein Ziel vor Augen hat, weiß wohin er laufen muss. Dieses Prinzip gilt auch bei Seminar, Workshop & Co. Klären Sie daher die Ziele, die der Auftraggeber mit der Veranstaltung erreichen möchte.
- Eine gute Möglichkeit zu ergründen, was der Auftraggeber will, ist ein persönliches Treffen. Mit aktivem Zuhören und gut vorbereiteten Fragen können Sie in einem solchen Auftragsgespräch alles Wissenswerte rund um den Auftrag herausfinden.
- Trainer sind keine Zauberer. Manche Ziele, die sich ein Auftraggeber vorstellt, sind auch mit dem besten Seminar nicht realisierbar. Dies zu erkennen und rechtzeitig die Handbremse zu ziehen, zeichnet gute Trainer aus.
- Je besser Sie kalkuliert haben und je professioneller Ihre Einstellung zum Thema Vergütung ist, desto befriedigender können Sie die Honorarfrage für sich klären.

Der Ablaufplan

Ein gut strukturierter Ablaufplan bildet das Fundament erfolgreicher Seminare und Workshops. Er legt die Route fest, die Sie mit den Teilnehmern auf dem Weg zum vereinbarten Ziel einschlagen.

In diesem Kapitel erfahren Sie u. a.,

- wie Sie bei der Inhaltsrecherche vorgehen sollten,
- wie Sie Struktur in einen Ablaufplan bekommen,
- was Sie für ein gutes Zeitmanagement tun können.

Vom Thema zum Inhalt

Sie kennen jetzt das Thema Ihres Trainings oder Workshops, haben zusammen mit dem Auftraggeber die Ziele festgelegt und sich über die Teilnehmenden informiert. Nun gilt es, alles in ein methodisch und didaktisch schlüssiges Konzept zu bringen. Das hört sich einfach an, die Tücken stecken hier jedoch im Detail.

Die Recherche

Wenn Sie nicht bereits alle Informationen zum Thema in der Schublade liegen haben, steht am Anfang die Recherche. Sie dient dazu, Informationen zum Thema zusammenzutragen. Die größte Herausforderung ist hier, sich nicht in der Flut an Informationen zu verlieren, sondern zielorientiert innerhalb des vom Auftraggeber vorgegebenen – und bezahlten! – Rahmens zu recherchieren.

> Recherche ist ein großer Zeitfresser. Legen Sie daher bereits vorab fest, welche Zeitspanne Sie dafür einplanen wollen. Achten Sie darauf, dass die eingesetzte Zeit im Verhältnis zum Auftrag steht. Eine Woche Recherche für ein zweistündiges Training wäre z. B. unverhältnismäßig viel.

Orientieren Sie sich bei der Recherche an Ihren Zielen oder formulieren Sie eine zentrale Fragestellung, anhand derer Sie vorgehen möchten. Erstellen Sie einen Plan für Ihre Recherche, in dem Sie die wichtigsten Stichwörter zum Thema sammeln und aufkommende Fragen notieren. Den Rechercheplan können Sie später Punkt für Punkt abarbeiten. So laufen Sie nicht so schnell Gefahr, den Überblick zu verlieren.

Eine gute Recherche endet am Punkt, an dem die zentrale Fragestellung schlüssig, plausibel und verständlich beantwortet werden kann.

Recherche: Schritt für Schritt

1. Bestandsaufnahme: Was wissen Sie bereits über das Thema? Welche Materialien haben Sie schon dazu?
2. Update: Wie aktuell ist Ihr Wissen, sind Ihre Erfahrungen? Recherchieren Sie im Internet und in der Fachliteratur.
3. Sortieren: Sortieren Sie die gesammelten Informationen aus den Schritten 1 und 2, z. B. mit der Mindmap-Methode.
4. Priorisieren: Wählen Sie die Themen so aus, dass sich eine schlüssige Reihenfolge ergibt. Orientieren Sie sich dabei immer an den Zielen, die Sie mit dem Auftraggeber vereinbart haben, und an der zur Verfügung stehenden Zeit.

Nutzen Sie bei Ihrer Recherche die Möglichkeit, sich mit Experten zum Thema auszutauschen, z. B. mit Kolleginnen, Kunden oder auch dem Auftraggeber. Denn auch für Sie selbst gilt: Alles, worüber Sie nicht nur gelesen, sondern auch gesprochen haben, prägt sich besser in Ihr Gedächtnis ein.

Überprüfen Sie bei der Recherche im Internet, inwieweit es sich um eine seriöse und aktuelle Seite handelt. Das ist nicht immer einfach. Wenn Sie sich nicht sicher sind, ob die recherchierten Informationen richtig und aktuell sind, sollten Sie Expertenrat einholen oder Seiten von Universitäten aufsuchen, die vertrauenswürdiger sind als Seiten kommerzieller Anbieter. Neben der Aktualität und der inhaltlichen Richtigkeit eines Textes spielt auch die Seriosität der Quelle eine entscheidende Rolle. Es macht einen großen Unterschied, ob eine Kommunikationsmethode auf der Seite einer Sekte oder eines etablierten Fachmagazins beschrieben wird.

Vergessen Sie nicht, Ihre Quelle auch anzugeben, so dass jeder später nachvollziehen kann, woher die Information stammt. Wenn Sie andere zitieren, sollten Sie zumindest folgende Informationen nennen:

- Name des Urhebers
- Titel des Aufsatzes, Artikels oder Buches,
- Jahr und – wenn vorhanden – Datum der Veröffentlichung

Die richtige Struktur

Nach der Recherche geht es darum, einen Ablaufplan zu erstellen, der die fachlichen Inhalte anhand geeigneter didaktischer und methodischer Vorgehensweisen strukturiert und in den Zeitrahmen einfügt.

Die drei großen A

Eine gute Unterteilung für einen Ablaufplan sind die sog. drei großen A:

1. Anfangsphase
2. Arbeitsphase
3. Abschlussphase

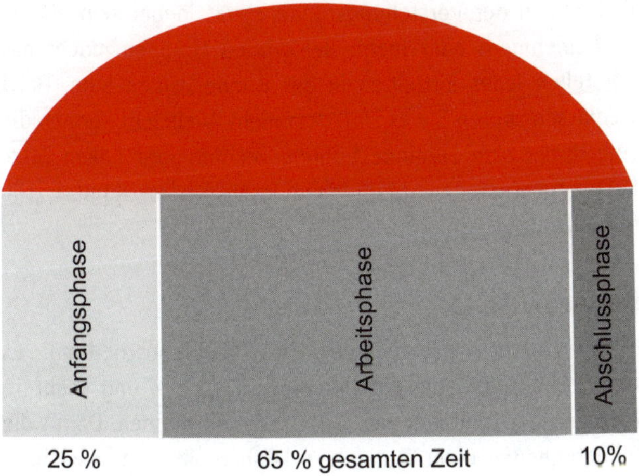

Die drei großen A

Die Anfangsphase

Die Anfangsphase gestaltet sich im Training, Seminar und Workshop jeweils gleich. In dieser Phase geht es darum, dass sich die Teilnehmenden kennenlernen und dass ihre Motivation zum Lernen geweckt wird. Zudem wird ihnen hier das Thema kurz vorgestellt und ihnen einen Überblick über das Seminar oder den Workshop gegeben. In der Anfangsphase sollten auch die Vorkenntnisse der Teilnehmenden in Erfahrung gebracht werden, um später daran anschließen zu können.

Achten Sie darauf, für die Anfangsphase ca. 25 % der zur Verfügung stehenden Zeit einzuplanen. Logischerweise darf bei einer kleineren Teilnehmerzahl von etwa 10 Personen die

Redezeit in der Vorstellungsrunde etwas länger sein als bei 20 Teilnehmern oder mehr. Bei großen Gruppen macht das Vorstellen jedes Einzelnen in der Runde keinen Sinn. Ganz weglassen sollten Sie es trotzdem nicht. Vielleicht können die Teilnehmer sich zumindest ihrem rechten und linken Sitznachbarn vorstellen. Mehr dazu lesen Sie im Kapitel „Die Anfangsphase".

Die Arbeitsphase

In der Arbeitsphase beginnt die Themenbearbeitung. Es kommt häufiger vor, dass in einer Veranstaltung mehrere Themen oder Aufgaben bearbeitet werden müssen. Damit die Teilnehmenden Ihnen gut folgen können, ist es hier wichtig, dass die Themen logisch aufeinander aufbauen und dass Sie diese Themenblöcke jeweils mit einer motivierenden Einleitung beginnen, dazu einen thematischen Hauptteil bilden und dem Block dann auch einen bewussten Abschluss geben.

> Erinnern Sie sich? Die Konzentration der Teilnehmenden lässt bereits nach 10 Minuten nach. Sie sollten also bereits bei der Planung des Seminars oder Workshops darauf achten, dass Sie die Aufmerksamkeit der Teilnehmer behalten. Das gelingt, indem Sie immer wieder Elemente einplanen, die die Aufmerksamkeit der Teilnehmer fordern und einen Spannungsbogen erzeugen.

In der Arbeitsphase unterscheidet sich die Vorgehensweise im Seminar und Workshop grundlegend.

Im Seminar werden in dieser Phase Inhalte vermittelt und trainiert.

Beispiel:

- Anwendung eines Tools oder einer Software
- Produktschulungen
- Rhetorik, Präsentation
- Umgang mit Konflikten

Im Workshop werden in dieser Phase Antworten auf Fragestellungen und Lösungen für Probleme und Aufgaben erarbeitet. Dabei geht es vor allem darum, dass die Teilnehmer ihr Wissen und ihre Kompetenzen miteinbringen.

Beispiel:

Themen eines Workshops können sein:

- Unsere Unternehmensvision in zehn Jahren
- Wie können wir respektvoller miteinander umgehen?
- Wie können wir das Produkt XY so optimieren, dass die Rücksendequote um 30 % sinkt?
- Über welche Themen können/wollen/müssen wir miteinander sprechen?

Die Abschlussphase

In der letzten Phase des Seminars oder Workshops dreht sich alles um einen gemeinsamen Rückblick und darum, wie ein Transfer der entwickelten Ergebnisse in die Praxis gelingen kann. Hier geht es also nicht mehr darum, offene Fragen zu beantworten oder das Thema abzuschließen. Das sollte bereits in der Arbeitsphase geschehen sein.

Seien Sie in dieser Phase vorsichtig mit offenen Fragen, wie z. B. „Haben Sie noch Fragen zum Thema?". Sie können zu langen Diskussionen führen mit der Folge, dass Ihr Zeitplan komplett aus dem Ruder läuft.

Organisatorisches, z. B. ob alle ein Fotoprotokoll zugeschickt bekommen, gehört ebenso in die Abschlussphase wie das Feedback der Teilnehmenden. Feedback ist für Trainer eine gute Möglichkeit, um am Ende eines Seminars oder Workshops die Eigen- und Fremdwahrnehmung zu überprüfen und um wertvolle Tipps für die fachliche und persönliche Weiterentwicklung zu erhalten.

Der erste Eindruck zählt – der letzte aber bleibt. Zum Schluss beenden Sie das Seminar oder den Workshop ganz bewusst, indem Sie sich von den Teilnehmenden verabschieden (mehr dazu im Kapitel „Die Abschlussphase").

Wie ein Ablaufplan aussehen kann

In der Praxis hat sich folgendes Muster für einen Ablaufplan bewährt:

Trainingsthema

Datum ______________________________

Auftraggeber ______________________________

Ort ______________________________

Teilnehmerzahl ______________________________

Ziele ______________________________

Material

Zeit	Dauer	Was / Wie	To Do
		Anfangsphase	
		Arbeitsphase	
		Abschlussphase	

Sonstiges ______________________________

____

Muster eines Ablaufplans

Ausfüllhilfe zum Muster	
Zeit	Beispiel: 9.00–9.15 Uhr Hier können Sie ein bisschen Platz lassen, um später im Seminar die real genutzte Zeit zu notieren. So sehen Sie, ob Sie im Zeitplan bleiben.
Dauer	Beispiel: 15 min. Wenn Sie hier die in etwa benötigte Zeit notieren, können Sie bei Bedarf kurzfristig Themenblöcke noch schneller verändern/verkürzen oder verschieben, als wenn Sie sich nur an der Uhrzeit orientieren.
Was	In dieser Spalte stehen die konkreten Inhalte, die Sie bearbeiten wollen.
Wie	Notieren Sie hier die Methode, die Sie für die Bearbeitung anwenden möchten, z. B. Gruppenübung oder Rollenspiel.
To-do	Hier finden Sie alles, was Sie mitbringen und/oder organisieren sollten.

> Klare und transparente Zeitstrukturen tragen zu einem erfolgreichen Seminar bei und schaffen eine vertrauensvolle Grundlage in der Zusammenarbeit zwischen Teilnehmenden und Trainer.

Hier sehen Sie einen Ausschnitt aus einem fertigen Ablaufplan für ein Seminar mit acht Teilnehmern:

Zeit	Dauer	Was / Wie	To Do
9:30–9:50	20 min.	Kartenabfrage: „Welche Fragen haben Sie zum Thema XY?“	8 Moderationsstifte, 32 Moderationskarten rechteckig (4 pro TN), 10 ovale Moderationskarten (für die Überschriften), 1 Moderationswolke (für Gesamtüberschrift), Pinnwand, Pinnadeln

Ablaufplan für ein Seminar mit acht Teilnehmern

Einen Ablaufplan finden Sie zum Download auf der „Arbeitshilfen online"-Seite zu diesem TaschenGuide, in der Rubrik „Kommunikation & Soft Skills" (www.haufe.de/arbeitshilfen; Buchcode TGA-HL12).

Optimales Zeitmanagement

Viele Trainer überladen ihre Ablaufpläne, vor allem, wenn sie das erste Mal ein Seminar zu einem Thema durchführen. Vermutlich tun sie das, weil sie befürchten, die angesetzte Zeit nicht mit Inhalten füllen zu können.

Mit zunehmender Erfahrung lässt sich die benötigte Zeit für die einzelnen Seminarphasen immer besser einschätzen. Deshalb finden Sie in der folgenden Tabelle Erfahrungswerte zum durchschnittlichen Zeitbedarf für die gängigsten Arbeitsmethoden. Selbstverständlich sind diese Angaben nur Richtwerte, da die tatsächlich benötigte Zeit immer auch abhängig von den Zielen, dem Thema, den Rahmenbedingungen, den Teilnehmenden sowie den Vorgehensweisen der Trainer ist.

Element bzw. Arbeitsmethode	Benötigte Zeit (in Minuten)
Kennenlernen	10 - 30
Präsentation	10 - 30
Einzelarbeit	10 - 20
Gruppenarbeit	15 - 45
Übungen und Rollenspiele	10 - 45
Diskussion	ca. 20
Aktivierungsspiele	10
Abschlussrunde	20

Allzu starr sollte die Zeit- und Ablaufplanung freilich auch nicht sein. Manchmal erfordert es der individuelle Lernprozess der Teilnehmer, etwas vom Plan abzuweichen, indem z. B. eine Übung oder eine Präsentation gekürzt oder weggelassen wird.

Weniger ist mehr! Bemessen Sie die Zeit von vornherein großzügig. Nehmen Sie sich zu Ihrer eigenen Sicherheit ein oder zwei Übungen in einem „Notfallkoffer" mit, die Sie bei Bedarf einsetzen können. Mit der Zeit werden Sie ein Repertoire an Handwerkszeug zu Verfügung haben, das es Ihnen ermöglicht, individuell auf die Prozesse in der Gruppe und die Bedürfnisse der Teilnehmenden einzugehen.

10 Wege zu einem guten Zeitmanagement

1 Zeit ist Geld, auch bei der Recherche! Beim Recherchieren neigen viele dazu, sich in der Informationsflut zu verlieren. Denken Sie daran, dass Ihre Zeit kostbar ist, auch wenn es zusätzlich noch jede Menge spannende Literatur zum Thema gibt. Legen Sie deshalb den Zeitrahmen, den Sie für die Recherche aufbringen wollen, bereits zu Beginn fest und halten Sie ihn konsequent ein.

2 Setzen Sie einen Schritt vor den anderen, sonst stolpern Sie! Strukturieren Sie Ihre Vorgehensweise: erst den Auftrag klären, dann die Ziele vereinbaren, dann die Themensammlung, dann der Fahrplan etc. Übergehen Sie dabei einen Punkt oder verschieben Sie die Reihenfolge, kann Sie das viel Zeit kosten.

3 Unverhofft kommt oft – planen Sie Zeitpuffer ein! Sehen Sie von Anfang an Pufferzeiten für Unerwartetes vor. Es gibt bei der Durchführung von Seminaren viele mögliche Verzögerungsgründe: Das Mittagessen dauert länger, wichtige Fragen von Teilnehmenden müssen beantwortet werden, die Technik funktioniert nicht oder Teilnehmende kommen zu spät etc.

4 Der Trainer ist auch (nur) ein Mensch! Denken Sie bei der Planung und Strukturierung Ihres Seminars oder Workshops auch an sich selbst. Planen Sie daher in einem Seminar nach Arbeiten, in denen Ihre volle Konzentration gefordert ist, z. B. bei Präsentationen, Phasen ein, in denen

Sie etwas zur Erholung kommen, während die Teilnehmenden aktiv sind, so z. B. bei einer Einzel- oder Gruppenarbeit. Auch im Workshop gibt es anstrengende Phasen, vor oder nach denen Moderatoren eine Pause gut tut, so z. B. nach der Themenzusammenstellung und vor der Priorisierung. Mit einer Pause gewinnen Sie kostbare Zeit, um sich selbst einen Überblick über die weitere Vorgehensweise zu verschaffen.

5 Legen Sie Wert auf Pünktlichkeit! Achten Sie auf Pünktlichkeit, indem Sie z. B. die Pausenzeiten konsequent einhalten oder die Teilnehmenden darauf aufmerksam machen, nach Gruppenaufgaben wieder rechtzeitig zurückzukehren. So können sich alle voll und ganz auf den Lernprozess einlassen. Pünktlichkeit zahlt sich auch im Hinblick auf den Abschluss des Seminars oder Workshops aus, denn: Wer ist nicht froh, wenn er zum geplanten Zeitpunkt nach Hause kommt?

6 Dokumentieren Sie die tatsächlich benötigte Zeit konsequent. So haben Sie eine ideale Grundlage für die Nachbereitung und die Erfolgskontrolle. Beim nächsten Mal wird es dann leichter.

7 Erfahrung macht effizient! Sich wiederholende Aufgaben, wie z. B. das Organisieren der Tagungsräume oder das Packen des Moderationskoffers, können mit Checklisten und Vorlagen gut standardisiert werden. Das spart wertvolle Zeit. Sie werden sehen: Die Planungsphase wird schneller und effizienter, wenn Sie auf Erfahrungswerte zurückgreifen können.

8 Schaffen Sie sich Raum für Konzentration! Besonders in der Phase, in der Sie den Ablaufplan für Ihre Veranstaltung bearbeiten, brauchen Sie Ruhe und Konzentration. Gestalten Sie Ihre Zeit so, dass Sie möglichst frei von Störungen intensiv daran arbeiten können.

9 Delegieren Sie! Es gibt viel zu tun, wenn man ein Seminar oder einen Workshop vorbereitet und organisiert. Vielleicht können Sie Aufgaben delegieren? Es gibt eine Vielzahl von Dienstleistern, die Sie tatkräftig unterstützen können, z. B. bei der Organisation von Tagungstechnik, bei der Erstellung von Präsentationen oder Handouts. Lernen Sie Aufgaben zu delegieren. Der Vorteil davon liegt klar auf der Hand: Sie haben mehr Zeit für die wesentlichen Aufgaben.

10 Behalten Sie das Ziel im Auge! Überprüfen Sie immer wieder, ob Ihre Vorgehensweise zum vereinbarten Ziel führt. Die hohe Kunst der Trainer besteht darin, die effizientesten Methoden mit den aktuellsten Inhalten im vorgegebenen Rahmen so zu verbinden, dass die vereinbarten Ziele erreicht werden.

Auf einen Blick: Der Ablaufplan

- Ein guter Ablaufplan sorgt dafür, dass Sie im Eifer des Gefechts den Weg zum Ziel nicht aus den Augen verlieren.
- Für den Ablauf von Workshops, Seminaren & Co. haben sich drei Phasen bewährt: eine Anfangs-, eine Arbeits- und eine Abschlussphase.
- Trainer, die sehr strukturiert vorgehen, haben immer auch die Zeit im Blick. Voraussetzung dafür ist eine realistische und, falls notwendig, flexibel änderbare Zeitplanung.

Die Anfangsphase

Der erste Eindruck zählt – und oft bleibt er auch. Wer gut in das Seminar startet, legt also bereits den Grundstein für eine erfolgreiche Veranstaltung. In der Anfangsphase geht es vor allem darum, erste Sympathiepunkte bei den Teilnehmenden zu sammeln und sie vom Thema zu begeistern.

In diesem Kapitel erfahren Sie u. a.,

- was zu einem guten Start dazu gehört,
- wie Sie die Teilnehmer für sich einnehmen,
- wie Sie bereits am Anfang große Wirkung erzielen.

Jetzt geht es los!

Je strukturierter Sie Ihre Veranstaltung gestalten, desto besser. Es bietet sich an, die Anfangsphase in acht Abschnitte zu gliedern.

Die Elemente der Anfangsphase	
1.	Begrüßung
2.	Organisatorisches
3.	Vorstellen des Trainers
4.	Kennenlernen der Teilnehmenden
5.	Einführung in das Thema und die Ziele
6.	Präsentation des Ablaufplans
7.	Spielregeln
8.	Offene Fragen klären

1. Begrüßung

Man könnte denken, dass die Anfangsphase erst startet, wenn alle Teilnehmer im Raum sind. Richtig? Falsch! Sie beginnt bereits, wenn die ersten Teilnehmenden den Seminarraum betreten. Gehen Sie auf die Menschen zu, begrüßen Sie sie persönlich per Handschlag, bieten Sie ihnen Kaffee und/oder einen Platz an. Zeigen Sie ihnen, wo sich die Garderobe befindet. Die Vorbereitung der Technik sollte abgeschlossen sein, wenn die ersten Teilnehmenden erscheinen. Nur so können Sie den Anwesenden Ihre volle Aufmerksamkeit schenken.

Damit die Teilnehmenden sich von Anfang an wohlfühlen, bietet es sich an, Begrüßungsplakate aufzuhängen und ggf. Stift und Papier sowie die Handouts an ihren Plätzen auszulegen.

Wenn dann alle ihre Plätze eingenommen haben, erfolgt die offizielle Begrüßung. Selbstverständlich gestalten Sie dieses Intro freundlich, mit einer positiven Formulierung und ein paar einleitenden Worten. Vielleicht kennen Sie ja eine kleine Anekdote, die zum Thema passt. Welche Form der Begrüßung Sie wählen, hängt sehr stark vom Publikum und von Ihrer Persönlichkeit ab. Wichtig ist, dass die Begrüßung personalisiert ist und dem Anlass entspricht. Vermeiden Sie Floskeln wie z. B. „Meine sehr verehrten Damen und Herren". Es ist viel besser, wenn Sie gleich einen persönlichen Bezug herstellen.

Beispiel:

Sie können die Teilnehmenden mit folgenden Sätzen begrüßen:

„Guten Morgen, ich freue mich darauf, heute den Tag mit Ihnen zu verbringen ..."

"Guten Tag, schön, dass Sie sich Zeit genommen haben, um sich mit dem Thema XY im Rahmen dieses Seminars/Workshops zu befassen.

Nehmen Sie von Anfang an mit allen Teilnehmenden Blickkontakt auf, so dass sich alle wahrgenommen fühlen.

2. Organisatorisches

Informieren Sie die Teilnehmenden über den zeitlichen Rahmen: wie lange das Seminar oder der Workshop dauert, wann Sie Pausen eingeplant haben etc. Es ist äußerst unangenehm, in einem Seminar zu sitzen und sich zwei Stunden lang zu fragen, ob man seinen Zug für die Rückreise noch bekommt. Diesen Stress können Sie den Teilnehmenden ersparen.

Wenn den Teilnehmern der Ort nicht vertraut ist, an dem die Veranstaltung stattfindet, ist es wichtig, ihnen eine räumliche Orientierung zu geben: Wo ist die Toilette? Wo ist die Kaffeemaschine? Wo wird zu Mittag gegessen? Wo befinden sich Aschenbecher? All dies sind Fragen, die Sie zu Beginn klären sollten.

3. Vorstellen des Trainers

Als Nächstes geht es darum, dass Sie sich selbst vorstellen, denn natürlich sind die Teilnehmenden neugierig auf Sie. Sie wollen wissen, mit wem sie es zu tun haben. Nennen Sie Ihren Namen und das Unternehmen, für das Sie tätig sind. Vergessen Sie auch nicht die Fakten anzusprechen, die Sie für dieses Seminar oder den Workshop qualifizieren. Machen Sie sich bewusst, dass dies eine gute Möglichkeit ist, um sich selbst und Ihre Dienstleistungen zu präsentieren. Überspannen Sie den Bogen dabei jedoch nicht; die Vorstellung soll knapp und aussagekräftig sein. Das ist gar nicht so einfach. Daher ist es gut, wenn Sie sie als Trainer einmal vorab ausprobieren. Die nachfolgende Übung eignet sich gut dazu.

Übung: Elevator Pitch

Ein Elevator Pitch ist eine sehr kurze Form der Selbstpräsentation. Ziel dieser Übung ist es, von sich selbst und seinen Kompetenzen zu überzeugen und das Interesse anderer zu gewinnen. Und so geht`s: Präsentieren Sie sich in 2 Minuten auf eine professionelle, leicht verständliche und überzeugende Art und Weise. Nutzen Sie dazu folgende Fragen:

1. Wer bin ich?
2. Was mache ich?
3. Warum bin ich genau die Richtige für dieses Training/diesen Workshop?

Diese Übung können Sie übrigens auch für eine erste Vorstellungsrunde der Teilnehmenden nutzen.

Damit die Vorstellung lebendiger und nachvollziehbarer wird, bauen Sie am besten kleine Geschichten zum Thema ein. Vielleicht hatten Sie ja einmal ein besonderes Erlebnis oder Sie kennen jemanden, dem etwas Lustiges oder Abenteuerliches passiert ist, das zum Thema passt. Geschichten wecken das Interesse und machen neugierig.

4. Kennenlernen der Teilnehmenden

Um ein gutes und vertrauensvolles Lernklima herzustellen, ist es wichtig, die Anonymität aufzuheben, die anfangs in einer Gruppe Fremder herrscht. Alle sollten sich, so gut das in der Kürze der Zeit möglich ist, kennenlernen und wissen, mit wem sie es zu tun haben. Nicht nur für die Teilnehmer ist das wichtig, sondern auch für Sie als Trainer.

Teilnehmenden fällt es besonders leicht sich vorzustellen, wenn Sie konkrete Vorgaben dazu machen.

Beispiel:

Sie können die Teilnehmenden bitten, ihren Namen zu nennen und in maximal zwei Sätzen zu beschreiben, was sie machen, und/oder zu sagen, womit sie sich zurzeit beschäftigen oder was ihnen bei ihrer Arbeit am meisten Spaß macht.

Sie können sie auch darum bitten, ihre Erfahrungen und Vorkenntnisse zu dem Seminarthema zu benennen, und zu äußern mit welchen Wünschen oder Befürchtungen sie gekommen sind.

Viele weitere kreative Methoden für ein Kennenlernen finden Sie im Kapitel „Neuer Inhalt für Ihren Methodenkoffer".

Schreiben Sie die Beiträge der Teilnehmenden am Flipchart mit oder bitten Sie sie darum, ihre Erwartungen und Wünsche auf Karten zu notieren, die dann an einer Pinnwand befestigt werden. So können Sie im Laufe des Seminars oder Workshops immer wieder darauf zurückgreifen.

5. Einführung in das Thema und die Ziele

Manchmal liegt es schon längere Zeit zurück, dass sich die Teilnehmenden zum Seminar angemeldet haben. Vielleicht erinnern sie sich daher nicht mehr genau daran, um welche Inhalte es konkret geht. Nennen Sie deshalb an dieser Stelle das Thema, um sicherzugehen, dass alle auf dem gleichen Stand sind.

Nehmen Sie dabei Bezug auf eine aktuelle Situation oder ein Ereignis aus dem Berufsalltag der Teilnehmenden. So verdeutlichen Sie den konkreten Nutzen des Seminars und wecken Neugierde.

Stellen Sie im Anschluss daran die Ziele vor, die mit der Veranstaltung erreicht werden sollen. Visualisieren Sie sie am besten auf einem Plakat. Um die Teilnehmer einzubeziehen, können Sie sie bitten, Ihnen die Ziele zuzurufen, die Sie dann auf ein Flipchart schreiben. Stellen Sie sicher, dass die Ziele während der gesamten Veranstaltung für die Teilnehmenden gut sichtbar bleiben. Anhand dieser Visualisierung können Sie die Gruppe, falls man sich in Diskussionen verstrickt und vom Thema abweicht, wieder auf Kurs bringen.

Oder Sie verdeutlichen die Konsequenzen, die es mit sich bringen würde, wenn Sie von den vereinbarten Zielen abwichen: So können dann nicht alle vereinbarten Themen bearbeitet werden oder der Zeitplan ändert sich dadurch. Spätestens wenn Sie darauf aufmerksam machen, dass Sie alle möglicherweise nicht pünktlich nach Hause kommen, dürfte das ein äußerst überzeugendes Argument sein.

6. Präsentation des Ablaufplans

Nachdem Thema und Ziele vorgestellt wurden, ist es an der Zeit, den Fahrplan zu präsentieren. So bekommen alle Teilnehmenden eine Idee von dem inhaltlichen Ablauf des Seminars oder des Workshops. Allerdings sollten Sie dies nur in groben Zügen tun, so dass Sie noch genügend Spielraum haben, um auf die individuellen Prozesse der Gruppe eingehen zu können.

> Wenn Sie einen Workshop leiten, zu dem Sie keine thematische Struktur geplant haben, weil eine offene und flexible Herangehensweise erforderlich ist, dann weisen Sie die Teilnehmenden ausdrücklich darauf hin. Sonst kann es schnell zu Missverständnissen und Irritationen kommen.

Auf keinen Fall sollten Sie die Erwartungen der Teilnehmenden abfragen, um dann, völlig unabhängig von deren Beiträgen „Ihren" Ablaufplan zu präsentieren. Eine solche Vorgehensweise würde Sie bereits zu Beginn Ihres Seminars unglaubwürdig machen. Sollten die Erwartungen der Teilnehmenden nicht Ihren Vorbereitungen entsprechen, können Sie flexibel reagieren und den Fahrplan ändern. Sollten Sie gute Gründe haben, warum Sie den Plan nicht ändern wollen, verdeutlichen Sie dies den Teilnehmenden. Begründen Sie, warum bestimmte Wünsche nicht erfüllt werden können. Über eine geschlossene Frage können Sie sich dazu abschließend das Einverständnis der Teilnehmenden einholen. So können diese später nicht argumentieren, dass die Inhalte nicht den Erwartungen entsprochen hätten.

Beispiel:

„Sie haben sich das Thema XY gewünscht. Ich verstehe gut, dass Ihnen das heute besonders wichtig ist. Da wir dafür allerdings wesentlich mehr Zeit benötigen, als uns heute zu Verfügung steht, schlage ich vor, diesen Punkt beim nächsten Termin als erstes, und dann ausführlich und in aller Ruhe zu besprechen. Sind Sie damit einverstanden?"

7. Spielregeln

Besprechen Sie die Spielregeln der Zusammenarbeit immer bereits in der Anfangsphase. Damit lassen sich viele Konflikte verhindern und den damit verbundenen Ärger erst gar nicht entstehen.

Klären sollten Sie hier z. B. den Umgang mit Laptops und Handys. Sollen sie ausgeschaltet, lautlos oder leise gestellt sein oder dürfen sie während des Seminars benutzt werden? Idealerweise verständigen Sie sich mit den Teilnehmenden darüber, dass die elektronischen Medien aus bleiben. Allerdings kann es Situationen oder Umstände geben, in denen das für die Teilnehmenden nicht machbar ist, z. B. weil sie wegen ihrer Kinder oder für Notfälle im Projekt erreichbar sein müssen. Treffen Sie in diesen Fällen Sondervereinbarungen, so z. B. dass das Smartphone auf lautlos gestellt wird, dass man zum Telefonieren den Raum verlässt oder dass es zusätzliche Pausen dafür gibt.

Wenn Sie während des Seminars oder Workshops ein Fotoprotokoll erstellen oder Teilnehmer Fotos machen wollen, dann informieren Sie an dieser Stelle darüber. Holen Sie sich das Einverständnis der Gruppe dazu ein, so dass niemand unangenehm von Schnappschüssen überrascht wird.

Klären Sie auch, ob Zwischenfragen erlaubt sind: Sollen die Teilnehmenden mit ihren Fragen bis zum Ende eines Seminarabschnitts warten oder sind Zwischenfragen ausdrücklich erlaubt?

Auch das Thema „Duzen wir uns oder bleibt es beim Sie?", können Sie an dieser Stelle platzieren. Hierbei gibt es mehrere Möglichkeiten:

- Die Teilnehmenden duzen sich untereinander – und siezen den Trainer.
- Alle duzen sich.
- Alle siezen sich.

Welche Form der Ansprache Sie wählen, hängt von der Unternehmenskultur, den Wünschen der Teilnehmenden und Ihren Vorlieben ab.

In persönlichkeitsorientierten Seminaren und Workshops können Sie an dieser Stelle auch den Umgang miteinander in Diskussionen thematisieren und Regeln dazu aufstellen, so z. B. wie in folgender Tabelle zusammengefasst.

Spielregeln im Workshop
▪ Keine Handys
▪ Pünktlich sein
▪ Beim Thema bleiben
▪ Kurz fassen
▪ Nicht durcheinander reden
▪ Sachlich fair und zielgerichtet diskutieren
▪ Jeder Vorschlag ist wichtig
▪ Zuhören und ausreden lassen
▪ Keine Killerphrasen
▪ Gegenseitig auf Einhaltung der Regeln achten

8. Offene Fragen klären

Die Anfangsphase beenden Sie am besten mit der Frage, ob es noch Punkte gibt, die geklärt werden müssen. So stellen Sie sicher, dass es keine Unklarheiten mehr gibt. Beziehen Sie Ihre Frage aber immer auf ein konkretes Thema oder einen Kontext.

Beispiel:

„Gibt es noch eine wichtige Frage, die wir jetzt klären müssen, bevor wir mit der Arbeitsphase beginnen?"

Oder:

„Haben wir nun alle Rahmenbedingungen geklärt, so dass wir in den kommenden Stunden gut zusammenarbeiten können, oder gibt es noch etwas, was wir jetzt besprechen müssen?"

Sympathien gewinnen

Sie kennen das sicherlich: Sie sehen einen Menschen und sofort ist Ihnen klar, dass Sie ihn sympathisch finden. Oder es ist umgekehrt, und Sie finden ihn spontan unsympathisch. Das passiert uns allen immer wieder. Den Teilnehmenden geht es mit Ihnen genauso. Der erste Eindruck entscheidet darüber, wie viel Vertrauen wir dem anderen entgegenbringen und wie aufmerksam und engagiert wir uns auf das Gegenüber einlassen.

Nur wenn Sie selbst für ein Thema brennen, können Sie auch in anderen eine Flamme der Begeisterung entfachen.

Stellen Sie sich vor, Sie müssen zwei Stunden lang jemandem zuhören, der zusammengesunken auf seinem Stuhl sitzt und keinen Blickkontakt mit seinem Publikum aufnimmt, weil er in seinen PC starrt. Es braucht nicht viel Fantasie, um sich auszumalen, dass das ziemlich langweilig wird. Höchstwahrscheinlich fällt es Ihnen schwer, seinen Worten mit voller Konzentration zu folgen.

Stellen Sie sich nun einen freundlich lächelnden Trainer vor, der aufrecht und zugewandt vor den Teilnehmenden steht, Blickkontakt hält und seine Worte mit Gesten unterstreicht. Er wird Sie mit Garantie mehr fesseln und seinem Publikum mehr vermitteln können als der sitzende Trainer, der hauptsächlich mit seinem Rechner beschäftigt ist – auch wenn beide über die gleichen Inhalte sprechen.

Ob und wie wir uns bewegen, welche Mimik wir dabei einsetzen und wie wir das Ganze mit unserer Stimme untermalen, trägt maßgeblich dazu bei, welchen Eindruck die Teilnehmenden von uns haben.

Körpersprache und ihre Wirkung

Wissenschaftlerinnen gehen heute davon aus, dass in der zwischenmenschlichen Kommunikation die Sprache – also das, was wir tatsächlich sagen – für unser Gegenüber nur eine untergeordnete Bedeutung hat. Körpersprache und Stimme sind dagegen viel wichtiger für andere, um uns einzuschätzen.

Beispiel:

Stellen Sie sich vor, Sie stehen vor den Teilnehmenden und sagen: „Ich freue mich, dass Sie da sind". Dabei fahren Sie sich mit einer nervösen Bewegung über das Gesicht, Ihre Lippen sind zusammengepresst und Sie treten ungeduldig von einem Bein auf das andere. Die Teilnehmenden werden anhand der Gestik und Mimik schnell erkennen, dass da keine Freude, sondern Angst ist.

Eine geschlossene Körperhaltung, wie z. B. verschränkte Arme, überkreuzte Beine, in die Hosentaschen gesteckte Hände, werden von anderen eher als abweisend empfunden. Bedienen Sie sich lieber offener und einladender Gesten, die Ihre Worte unterstützen. Leichter wird das, wenn Sie die Argumente, die Sie einbringen wollen, mit etwas Nachdruck aussprechen. Oft ist es dann so, dass die Hände automatisch mit gestikulieren.

Denken Sie daran, aufrecht zu stehen und Ihr Gewicht gut auf beiden Beinen zu verteilen. Dadurch gewinnen Sie an Präsenz.

Einmal vor einem privaten Publikum zu üben, ist sicherlich hilfreich. Ehrliches Feedback von Kollegen oder Freunden ist, wenn es um die eigene Wirkung geht, kostbar. Scheuen Sie sich nicht nachzufragen, was gut gelungen ist und welche Tipps Ihr Testpublikum im Hinblick auf Ihre Außenwirkung hat. So können Sie Ihr Auftreten optimieren.

Vermeiden Sie es jedoch, sich bestimmte Gesten anzutrainieren. Das wirkt meistens unglaubwürdig. Sorgen Sie lieber dafür, dass Sie sich beim Sprechen vor der Gruppe wohlfühlen. Nur dann spricht Ihr Körper dieselbe Sprache wie Ihr Mund.

Wechseln Sie im Seminar immer mal wieder zwischen Sitzen und Stehen. Und halten Sie Blickkontakt zu den Teilnehmenden und nicht zu den Medien!

Kennen Sie Ihre Stimme?

Die Stimme ist ein wichtiges Werkzeug für Trainer. Pflegen Sie Ihre Stimme deshalb regelmäßig mit Stimm-, Atem- und Sprechübungen.

Modulieren Sie Ihren Redefluss, damit Sie nicht monoton klingen. Spielen Sie ruhig einmal mit der Lautstärke Ihrer Stimme, vor allem, wenn Sie bestimmte Inhalte besonders betonen wollen.

Ein Akzent oder auch ein Dialekt wirkt oft sympathisch, allerdings muss er für alle verständlich sein. Er ist im Übrigen keine Entschuldigung für eine unpassende Wortwahl.

> Meiden Sie, soweit es geht, Fachsprache und Fremdwörter. Sie sorgen nur für Verwirrung und reduzieren damit den Lerneffekt.

Besonders Frauen neigen dazu, eher mit hoher Stimme zu sprechen – vor allem dann, wenn sie aufgeregt sind. Versuchen Sie ggf. mit Hilfe eines Logopäden Ihr Stimmvolumen zu verbessern, indem Sie auch die tiefen Töne nutzen. Sie werden merken, dass Sie in tieferer Stimmlage lauter sprechen können.

Das Wichtigste: Seien Sie authentisch

Wer seine Gefühle ausdrückt, wirkt lebendig und vor allem authentisch. Wenn Sie sich über etwas freuen oder auch ärgern, zeigen Sie es. Nichts ist unglaubwürdiger als ein verärgerter Trainer, der so tut, als ob er gute Laune hätte. Wählen Sie Ausdrucksweisen, die zu Ihnen passen. Nehmen Sie sich die Freiheit, so einzigartig zu sein, wie Sie wirklich sind.

Beispiel:

> In einem Präsentationstraining: „Jetzt können Sie gerade live erleben, wie wichtig es ist, sich vor einem Vortrag mit der Technik vertraut zu machen. Damit es Ihnen dann nicht so ergeht, wie mir gerade jetzt in diesem Augenblick."

10 Regeln für einen gelungenen Anfang

1. Sorgen Sie für Ihre gute Ausstrahlung: Achten Sie darauf, dass Sie ausgeschlafen, konzentriert und entspannt sind. Wenn Sie gestresst und übernächtigt sind, nehmen das die Teilnehmenden sofort wahr. Wenn Sie Ihre Lieblingsmusik bei der Anfahrt hören und genügend Zeit einplanen, um anzukommen, werden Sie entspannter wirken und (noch) besser gelaunt sein.
2. Versetzen Sie die Teilnehmenden in gute Stimmung: Damit diese sich von Anfang an willkommen fühlen, können Sie bereits im Vorfeld, z. B. per Mail, Kontakt aufnehmen, zur Begrüßung ein freundliches Plakat aufhängen oder Musik abspielen, wenn sie den Raum betreten.

3 Man kann nicht *nicht* kommunizieren: Die Kommunikation mit Ihren Teilnehmern beginnt bereits vor dem ersten Wort, in dem Moment, in dem Sie sich das erste Mal sehen. Immer dann, wenn wir einen anderen Menschen wahrnehmen, senden wir auch bereits Kommunikationssignale, z. B. durch unsere Haltung, Gestik, den Blickkontakt und viele Details mehr.

4 Der erste Eindruck ist entscheidend, der letzte bleibt: Stellen Sie sich möglichst gut vor, so z. B. in Form eines Elevator Pitch. Eine gelungene Vorstellung ist die Basis dafür, dass die Teilnehmenden Sie positiv wahrnehmen. Beenden Sie das Seminar ebenso positiv, indem Sie sich bedanken: für das Kommen, das entgegengebrachte Vertrauen, die gute Zusammenarbeit etc.

5 Eigenlob stinkt: Selbstmarketing ist wichtig, keine Frage, aber überzogene Selbstdarstellung ist peinlich. Stellen Sie sich kurz, interessant, verständlich und professionell vor. Bei Bedarf können Sie auch gut dosierte kurze „Werbeblöcke" in den Lauf der Veranstaltung mit einbauen. Die beste Werbung im Seminar ist es jedoch, durch gute Arbeit zu überzeugen.

6 Zeigen Sie Präsenz: Begrüßen Sie die Teilnehmenden freundlich und zugewandt und bewusst im Stehen.

7 Gehen Sie mit gutem Vorbild voran: Fangen Sie pünktlich an und hören Sie zur geplanten Zeit auf. Seien Sie ein Beispiel dafür, wie man anderen mit Höflichkeit und Achtsamkeit begegnet.

8 Überlassen Sie Dinge nicht dem Zufall: Planen Sie vorausschauend und bieten Sie den Teilnehmenden klare, transparente Strukturen, an denen sie sich orientieren können. Bleiben Sie dennoch flexibel, um Ihre Vorgehensweise immer wieder an neue Anforderungen anpassen zu können.

9 Trust the Process: Nicht alles ist vorhersehbar und planbar. Wenn Sie die Gruppe achtsam und aufmerksam begleiten, werden Sie schnell ein Gespür für die Prozesse und die individuellen Bedürfnisse der Teilnehmenden bekommen.

10 Kein X für ein U vormachen: Sagen Sie deutlich, auf welchem Gebiet Sie Experte sind und wo nicht. Versprechen Sie keine Ziele, die nicht erreicht werden können.

Auf einen Blick: Die Anfangsphase

- Je strukturierter Sie die Anfangsphase gestalten, desto besser steigen Sie in das Seminar bzw. den Workshop ein. Das beginnt mit der persönlichen Begrüßung der Teilnehmer und endet mit der Beantwortung noch offener Fragen.
- Der erste Eindruck zählt. Oft entscheiden Sekunden darüber, ob wir jemanden als sympathisch und glaubwürdig empfinden. Neben den Inhalten, die wir vermitteln, spielen dabei auch die Körpersprache und unsere Stimme eine wesentliche Rolle.
- Ein gelungener Einstieg ins Seminar ist kein Hexenwerk. Mit einer guten Vorbereitung und einem authentischen, freundlichen Auftritt ist bereits viel gewonnen.

Die Arbeitsphase

Begeistern und dazu motivieren, aktiv mitzumachen, lautet die Devise in der Arbeitsphase, welche die Teilnehmer mitten hinein ins Thema der Veranstaltung führt. Doch wie gelingt das am besten? Und wie erhält man die Konzentration aller dabei möglichst lange aufrecht?

In diesem Kapitel erfahren Sie u. a.,

- welche Methoden und Werkzeuge es dafür gibt,
- wie Sie aus einem passiven Publikum eine engagierte Gruppe machen,
- welche Rolle Sie im Seminar und im Workshop spielen, wenn es um die Themenbearbeitung geht,
- welche Präsentationsmedien sich für Ihre Zwecke eignen.

Die passenden Werkzeuge und Methoden

Folienschlachten und endlose Referate sind leider immer wieder Alltag in Seminaren und Workshops. Trainer rechtfertigen dies oft so: „Es sind eben sehr viele Inhalte, die den Teilnehmenden vermittelt werden müssen." Oder sie sagen achselzuckend: „Da müssen die Teilnehmer jetzt durch." Doch müssen die Teilnehmenden das wirklich? Sie ahnen die Antwort schon: Auf gar keinen Fall!

Sie erinnern sich sicherlich noch an Ihre Schulzeit. Bestimmt hatten Sie auch einen Lehrer, der es geschafft hat, den langweiligsten und komplexesten Stoff interessant und lebendig zu vermitteln. Es ist also möglich! Was also können Sie tun, damit auch Ihre Seminare und Workshops lebendig und unterhaltsam sind? An sich ist es ganz einfach: Sorgen Sie für Abwechslung. Abwechslung bringt Spaß, und Lernen funktioniert einfach besser, wenn es Spaß macht. Drei Werkzeugtypen aus der Didaktik helfen Ihnen dabei, das Wissen lebendig und damit fesselnd zu vermitteln und damit nachhaltig in den Teilnehmenden zu verankern:

1. Sozialformen
2. Lernmethoden
3. Aufgaben und Übungen

Schauen wir uns diese Werkzeuge doch einmal genauer an:

Werkzeug Nr. 1: Sozialformen

In der Didaktik wird der Begriff der Sozialform herangezogen, wenn es um die Frage geht, wer mit wem zusammenarbeitet. Folgende Sozialformen werden unterschieden:

- Einzelarbeit: Hier arbeiten die Teilnehmenden alleine etwas aus.
- Partnerarbeit: Hier arbeiten jeweils zwei Teilnehmende miteinander.
- Gruppenarbeit: Hier werden Gruppen gebildet.

Ein sinnvoller Wechsel zwischen Einzel-, Partner- oder Gruppenarbeiten sorgt dafür, dass die Teilnehmenden sich selbst und die anderen besser kennenlernen. Die Zusammenarbeit in Gruppen oder mit Partnern lässt eine vertrauensvolle Lernatmosphäre entstehen, die sich förderlich auf den Lernprozess auswirkt. Gruppenergebnisse sind in der Regel deutlich besser als die Ergebnisse von Einzelarbeiten, weil in der Gruppe verschiedene Ressourcen aufeinandertreffen und sich gegenseitig ergänzen.

> Welche Sozialform zu welchem Zeitpunkt die jeweils richtige ist, wird immer durch den Auftrag, die Ziele, aber auch durch die Anzahl der Teilnehmenden bestimmt.

Werkzeug Nr. 2: Lernmethoden

Mithilfe verschiedener Lernmethoden gelingt es, besser und intensiver zu lernen. In der Erwachsenenbildung bieten sich vor allem die folgenden Methoden an:

- Lernen durch Lehren: Eine Präsentation, ein Vortrag oder eine kurzer Input des Trainers sind typische Situationen, in denen Lernen durch Lehren stattfindet. Die Teilnehmer lernen bei dieser Lernmethode, indem der Trainer sein Wissen zu dem Thema an sie weitergibt.
- Dialogisches Lernen: Bei dieser Lernmethode treten die Lernenden in Dialog miteinander und zum Trainier. Fragen, Antworten und Diskutieren, um aus dem Dialog zu lernen, lautet hier das Motto. Dadurch profitieren die Teilnehmenden in hohem Maße von den Gedanken anderer. Sie können die Lernprozesse aktiv mitgestalten.
- Entdeckendes Lernen: Mittels Aufgaben und offenen Fragestellungen werden die Teilnehmenden angeregt, selbst Lösungswege auszuprobieren und zu finden.
- Handlungsorientierung: Die Teilnehmenden können die Lerninhalte praktisch erfahren und mit ihren Sinnen erleben, so z. B. in einem Rollenspiel oder einer Simulation.
- Kooperatives Lernen: Bei dieser Lernform können die Teilnehmenden gegenseitig vom jeweils anderen profitieren, indem sie voneinander und miteinander lernen, so z. B. in Gruppenarbeiten.
- Prozessorientierung: Der Trainer orientiert sich an den Kenntnissen und der Lerngeschwindigkeit der Teilnehmenden. Ein besonderes Augenmerk liegt auf den individuellen Gruppenprozessen.
- Selbstbestimmtes Lernen: Hier erarbeiten die Teilnehmenden neues Wissen selbstständig, z. B. mit der Unterstützung von neuen Medien.

Eine Lernmethode kommt selten allein. Meistens gibt es Mischformen und/oder ein Reihung von unterschiedlichen Methoden. Und das ist auch gut so. Nutzen Sie unterschiedliche Lernmethoden, so bleibt Ihr Seminar, Workshop oder Training lebendig.

Werkzeug Nr. 3: Aufgaben und Übungen

Aufgaben und Übungen unterstützen die Teilnehmenden darin, Inhalte aktiv auszuprobieren und so deren Praxisnutzen zu erfahren. Es gibt unzählige dieser Trainingseinheiten. Im Kapitel „Neuer Inhalt für Ihren Methodenkoffer" finden Sie eine große Auswahl solcher Übungen, die sich im Trainingsalltag bewährt haben.

Aber Vorsicht! Nicht jede Gruppe und jeder Teilnehmende begegnet solchen Aufgabenstellungen widerstandslos. Rechnen Sie damit, dass der ein oder andere schlechte Erfahrungen mit Übungen gemacht hat. Ignorieren Sie diese Wiederstände nicht, sondern versuchen Sie gemeinsam einen Weg zu finden, z. B. indem Sie die Übung so verändern, dass alle gerne mitmachen.

> Empfehlenswert ist die Kombination von aktiven und passiven Lernmethoden. Bei den aktiven Lernmethoden können die Teilnehmenden selbst etwas tun, bei den passiven Lernmethoden bekommen sie die Inhalte vermittelt.

Der richtige Mix macht`s

Wechseln Sie immer wieder die Sozialformen und die Lernmethoden und stellen Sie unterschiedlichste Aufgaben und

Übungen zusammen. Die Auswahl und der Einsatz der Werkzeuge hängen letztendlich von den vereinbarten Lernzielen, den Möglichkeiten der Teilnehmenden, den Rahmenbedingungen und von Ihren persönlichen Vorlieben ab. Ansonsten sind Ihrer Fantasie keine Grenzen gesetzt.

Beispiel:

Sie können am Anfang etwa eher Einzelaufgaben anbieten, und erst dann, wenn die Teilnehmenden sich besser kennen, zu Gruppenaufgaben übergehen.

Denken Sie auch an sich. Planen Sie nach einem längeren Vortrag bewusst eine Gruppenarbeit ein, um sich selbst eine kleine Pause zu verschaffen und um ein Zeitfenster zu schaffen, in dem Sie die weitere Vorgehensweise überprüfen, festlegen oder verändern können.

Verzichten Sie auf Übungen, die Sie selbst nicht überzeugen, denn diese können Sie auch nicht glaubhaft gegenüber den Teilnehmenden vertreten.

Die Themenbearbeitung

Die Arbeitsphase ist der Kern jedes Seminars und Workshops, denn hier geht es darum, neue Inhalte zu vermitteln oder zu entdecken. Genau wie in der Anfangsphase gilt hier auch: Je besser Ihre Vorbereitungen waren, desto eher wird es gelingen, die Ziele des Seminars oder Workshops erfolgreich zu erreichen.

Checkliste: So meistern Sie die Arbeitsphase

- Bereiten Sie sich gut auf die Themen vor. Das gibt Ihnen Sicherheit und sorgt dafür, dass alles reibungslos ablaufen kann.
- Erklären Sie vor jedem Arbeitsschritt Ihr Vorgehen und das jeweilige Ziel.
- Achten Sie darauf, dass alle Teilnehmenden gehört und berücksichtigt werden.
- Schenken Sie Ihre Aufmerksamkeit allen Teilnehmenden gleichermaßen. Versuchen Sie möglichst alle zu jedem Zeitpunkt in den Prozess miteinzubeziehen. Sorgen Sie dafür, dass jeder immer in der Lage ist, gut mitarbeiten zu können.
- Visualisieren Sie so viel wie möglich. Grafiken, Bilder und Farben unterstützen die Lerninhalte und helfen den Teilnehmenden dabei, sich die Themen besser zu merken.

In Seminaren und Trainings

Die Teilnehmenden müssen den Mehrwert erkennen, den sie durch die Teilnahme an der Veranstaltung haben. Das gelingt, wenn der Trainer das vermittelte Wissen immer wieder mit ihrer Praxis und ihrem Berufsalltag verknüpfen kann.

> Teilnehmende schätzen es ganz besonders, wenn es dem Trainer gelingt, auf ihre individuellen Bedürfnisse einzugehen. Das ist eines der häufigsten positiven Feedbacks, die Teilnehmende geben.

Um dies zu gewährleisten, bietet sich die folgende Struktur an, mit deren Hilfe Sie jeden Themenbereich im Seminar praxisrelevant aufbereiten können. Berücksichtigen Sie dabei, dass die Themen und Methoden sinnvoll aufeinander aufbauen.

Strukturierung der Seminarthemen	
1. Kontext	Welcher Zusammenhang besteht zwischen dem Thema und der beruflichen Praxis der Teilnehmenden?
2. Information	Welche Informationen brauchen die Teilnehmenden, um das Thema erfassen und im Berufsalltag nutzen zu können?
3. Anwendung	Welche Möglichkeiten gibt es, damit die Teilnehmer das neue Wissen ausprobieren und trainieren können?
4. Reflexion/ Wiederholung	Wie können Inhalte so wiederholt und vertieft werden, damit sich das neue Wissen nachhaltig verfestigen kann?
5. Transfer	Wie können die neuen Einsichten und Ansichten sowie das neu erworbene Wissen in der Praxis umgesetzt werden?

Beispiel:

Sammeln und visualisieren Sie zum Anfang Ihres Seminars oder Workshops Fragen zum Thema. Geben Sie dann einen Input zum Thema, um die Teilnehmenden im Anschluss daran das Gehörte in praktischen Aufgaben ausprobieren zu lassen. Gegen Ende des Seminars fassen Sie das Gelernte gemeinsam mit den Teilnehmenden nochmals zusammen und erarbeiten, wie es im Alltag konkret umgesetzt werden kann.

Geben Sie den Lernthemen eine transparente Struktur, so dass die Teilnehmenden die Zusammenhänge leicht erkennen und nachvollziehen können. So lassen sich auch komplexe Themengebiete leicht und verständlich erschließen.

In Workshops

Die Arbeitsphase im Workshop ist sehr dynamisch; sie fordert daher hohe Flexibilität vom Moderator. Grundsätzlich können drei verschiedene Vorgehensweisen im Workshop unterschieden werden:

Variante 1: Offene Vorgehensweise

Hier wird im Vorfeld mit dem Auftraggeber eine offene Frage vereinbart, welche die Teilnehmenden mit Hilfe des Moderators im Workshop beantworten.

Beispiel:

„Worüber sollten wir heute unbedingt sprechen?"

„Was brauchen wir, um die XY-Entscheidung gut umsetzen zu können?"

„Wie zufrieden sind Sie mit Ihrer Zusammenarbeit auf einer Skala von 1 bis 10?"

Variante 2: Geschlossene Vorgehensweise

Hier stehen die Themen des Workshops bereits im Vorfeld fest und sind den Teilnehmenden in der Regel auch bekannt. Die Aufgabe des Moderators ist es in diesem Fall, darauf zu achten, dass alle Themen berücksichtigt und ergebnisorientiert bearbeitet werden. Hier sind Ihre Kreativität beim Einsatz der Methoden sowie eine professionelle Moderation gefragt.

Beispiel:

So könnte der Ablaufplan bei einer geschlossenen Vorgehensweise aussehen:

TOP 1 Informationen der Geschäftsführung

TOP 2 Fragen/Anregungen/Befürchtungen

TOP 3 Erste Ideen/Lösungsansätze

TOP 4 Vereinbarungen/Maßnahmen

Variante 3: Teiloffenes Vorgehen

Das teiloffene Vorgehen ist eine Mischform zwischen der offenen und geschlossenen Vorgehensweise. Bei einem Workshop, der dieser Variante folgt, werden sowohl vorgegebene Fragestellungen bearbeitet als auch Zeitfenster zur Verfügung gestellt, in denen die Teilnehmenden ihre offenen Fragen, Anregungen oder ihre Ideen einbringen und bearbeiten können.

Beispiel:

Der Ablaufplan eines teiloffenen Workshops könnte so aussehen:

TOP 1 Rückblick auf das vergangene Geschäftsjahr

TOP 2 Informationen zu kommenden Produkteinführungen

TOP 3 Offene Runde zum Thema „Was können wir im nächsten Jahr unternehmen, um unsere neuen Produkte gut am Markt zu platzieren?“

Sammeln, sortieren und priorisieren

In einem Workshop werden oft Ideen und Informationen, hier kurz „Themen" genannt, gesammelt, priorisiert und in eine Reihenfolge gebracht, um sie anschließend mit der Gruppe zu bearbeiten.

Themen sammeln und sortieren

Drei Möglichkeiten haben sich bewährt, um Themen zusammenzutragen:

1. Abfrage auf Zuruf: Der Trainer stellt eine Frage und schreibt die Antworten der Teilnehmenden auf einem Flipchart mit. Das hat den Vorteil, dass die so gesammelten Themen den ganzen Workshop über gut sichtbar sind. Im Laufe des Workshops können sich die Beteiligten immer wieder darauf beziehen.
2. Kartenabfrage: Die Teilnehmenden schreiben ihre Themen auf Moderationskarten, stellen diese jeweils selbst vor und heften sie dann an eine Pinnwand. Dabei nehmen sie eine erste Vorsortierung vor. Wenn alle ihre Karten vorgestellt und angeheftet haben, findet der Moderator gemeinsam mit den Teilnehmenden Überschriften für Kartengruppen. Eventuell werden einzelne Karten, immer in Absprache mit dem Teilnehmenden, der die Karte geschrieben hat, an dieser Stelle in eine andere Gruppe umsortiert.
3. Themensammlung in Kleingruppen: Um Themen in Kleingruppen zusammenzutragen, eignen sich zielführende Fragen. Die Ergebnisse können von den Teilnehmenden auf einem Plakat festgehalten und im Plenum vortragen werden.

Beispiel:

Was wollen wir optimieren? Was brauchen wir dazu? Wie sieht der erste konkrete Schritt aus?
Oder:
Glad – Sad – Mad: Was macht mich zufrieden (glad)? Was macht mich unzufrieden (sad)? Was macht mich wahnsinnig (mad)?

Themen priorisieren

Nach der Themensammlung sollten Sie mit den Teilnehmenden zusammen die Themen priorisieren. Das gelingt mit einer Punktabfrage.

Punktabfrage

Jeder Teilnehmende bekommt eine bestimmte Anzahl von Klebepunkten, am besten immer halb so viele Punkte, wie Themen zur Verfügung stehen. Sind es z. B. 10 Themen, erhält jeder 5 Klebepunkte. Maximal zwei Punkte dürfen pro Thema vergeben werden. Nun bewertet jeder die Themen nach Relevanz, indem er Punkte auf die jeweilige Karte klebt. Dadurch werden Prioritäten sichtbar und nachvollziehbar.

Themen bearbeiten

Bei der Themenbearbeitung im Workshop geht es darum, Lösungen und Vorgehensweisen zu finden, die für alle akzeptabel sind. Dadurch können Sie alle ins Boot holen und eine gemeinsame Ausrichtung erreichen. Für die Themenbearbeitung finden Sie im Kapitel „Neuer Inhalt für Ihren Methodenkoffer" eine Vielzahl von Methoden.

Konkrete Vereinbarungen treffen

Am Schluss eines Workshops sollten Sie gemeinsam mit den Teilnehmenden festlegen, wie es danach weitergehen soll. Wie können die Ergebnisse aus dem Workshop im Arbeitsalltag umgesetzt werden? Wer macht was mit wem bis wann? Dokumentieren Sie die nächsten Schritte für jeden sichtbar.

Wer?	Was?	Bis wann?	Kommentar
Frau Müller	Erstellt die Dokumentation der Produkte und leitet sie an Herrn Mai weiter	15.02.20...	Herr Meyer unterstützt bei Fragen oder Engpässen
Herr Mai	Prüft die Dokumentation	15.04.20...	
...			

Achten Sie darauf, dass die Aufgaben konkret und die Ziele messbar formuliert sind.

Fertigen Sie zur Archivierung der Ergebnisse am besten ein Fotoprotokoll an. Es lässt sich schnell und einfach umsetzen und macht es möglich, die Informationen auch nach dem Seminar oder Workshop allen zur Verfügung zu stellen.

Klären Sie unbedingt, wer dafür sorgt, dass die Vereinbarungen auch eingehalten und umgesetzt werden. Machen das die Teilnehmenden selbst? Ist die Führungskraft dafür verantwortlich? Oder wird das in einem Folgeworkshop gemeinsam überprüft?

Präsentationsmedien wirkungsvoll einsetzen

Für Abwechslung und lebendige Inhalte sorgen auch Präsentationsmedien. Kaum ein Seminar oder Workshop kommt mittlerweile aus ohne Flipchart, Pinnwand, Whiteboard und/oder einen Beamer.

Sie sind Hilfsmittel, um die Informationsverarbeitung zu unterstützen und somit dafür zu sorgen, dass die Teilnehmenden die Lerninhalte besser mitverfolgen und speichern können. Sie fördern die Aufmerksamkeit und helfen bei der Strukturierung der Lernprozesse.

Die PowerPoint-Präsentation via Beamer

PowerPoint-Präsentationen sind äußerst beliebt. Manche gehen sogar davon aus, dass ein Seminar oder ein Workshop ohne eine solche Präsentation keine gute Veranstaltung ist. Die Präsentation von Lerninhalten auf PowerPoint-Folien hat neben deren guter Lesbarkeit auch den Vorteil, dass Sie mit Hilfe von Bilder und Videosequenzen mehr Sinne ansprechen. So kann das neue Wissen gut in den Köpfen der Teilnehmenden verankert werden. Ein weiterer Pluspunkt ist, dass die Dateien gut zu archivieren sind. Sie können die Präsentation nach dem Seminar oder Workshop problemlos, z. B. via E-Mail, den Teilnehmenden zugänglich machen.

Doch eine mittels Beamer an die Wand gestrahlte Präsentation ist noch lange kein Garant für erfolgreiches Lernen. Nur ein wohldosierter, zielorientierter und abwechslungsreicher Umgang mit Präsentationsmedien führt zum Lernerfolg.

Hier ein paar Tipps zum professionellen Einsatz der Präsentationssoftware:

- Bauen Sie die Folien klar und strukturiert auf und notieren Sie nur Schlagworte auf ihnen. Die Aufmerksamkeit bleibt damit bei Ihnen und Ihrem Vortrag.
- Lassen Sie sich bei den Folieninhalten von dem Motto leiten „Weniger ist mehr!“ Eine Folie sollte nicht mehr als maximal sieben Zeilen haben.
- Verwenden Sie nur wenige Effekte. Mehr als zwei verschiedene sollten es nicht sein, wenn Sie die Geduld der Teilnehmenden nicht überstrapazieren wollen.
- Wählen Sie Farben, die möglichst kontrastreich sind, wie z. B. schwarz und rot oder blau und grau. Gelb, weiß und Pastellfarben eignen sich dagegen nicht, um Wichtiges hervorzuheben.
- Lesen Sie niemals Text von den Folien ab. Das untergräbt Ihre Kompetenz, und die Teilnehmenden werden sich fragen, warum Sie überhaupt da sind.
- Überprüfen Sie, ob der Raum für eine Beamer-Präsentation geeignet ist. Ist es möglich, den Raum etwas abzudunkeln und ist ausreichend freier Platz an der Wand für die Projektion? Können alle Teilnehmenden ohne Hindernisse auf die Projektion schauen?
- Achten Sie darauf, dass Sie keine Urheberrechte verletzen, indem Sie geschützte Bilder in Ihrer Präsentation benut-

zen. Im Zweifelsfall sollten Sie lieber auf eigenes Bildmaterial zurückgreifen oder die Rechte an den Bildern oder Grafiken erwerben.

PowerPoint bietet eine Vielzahl an Vorlagen und Layouts, die Ihnen helfen, einen einheitlichen Präsentationsstil zu entwickeln.

Das Flipchart

Ein Flipchart steht mittlerweile in fast jedem Seminarraum. Es ist ein flexibles Präsentationsmedium, das Sie sehr individuell und auf ganz unterschiedliche Weise in der Gestaltung von Seminaren und Workshops einsetzen können. Sie können darauf Texte und Grafiken sowohl spontan als auch geplant erarbeiten und zeigen. Allerdings eignet sich das Flipchart nur für kleinere Gruppen bis ca. 35 Personen, da es auf eine größere Entfernung nicht mehr lesbar ist.

- Aufbewahrung der Charts: Bewahren Sie Ihre Charts am besten in den Kartons auf, in denen sie geliefert wurden. Sie können diese gut beschriften und platzsparend lagern. Ein Chart können Sie sicherlich bis zu 100 Mal verwenden. Da lohnt sich dann auch der Mehraufwand für eine gute Gestaltung.
- Nutzen Sie Zubehör: Für Flipcharts gibt es eine Reihe von Hilfsmitteln, mit denen Sie einzelne Aspekte besonders hervorheben können, z. B. farbige Markierungspunkte, farbige Streifen für Tabellen, breitere Streifen als Grundlage für Überschriften etc.

- Schreiben Sie groß! Denken Sie daran, dass auch die Teilnehmenden in der letzten Reihe den Text noch lesen möchten.
- Nur aktuell behandelte Charts sind sichtbar: Wenn Sie Charts vorbereitet haben, sollten diese erst dann sichtbar sein, wenn Sie sie besprechen. Sonst reduziert sich die Spannung.
- Die Charts im Raum aufhängen: Wenn Sie freie Wände haben, können Sie die beschrifteten Flipchart-Papiere im Raum mit Kreppband-Streifen anbringen. Die Charts, die im Raum hängen, bleiben den Teilnehmenden präsent und prägen sich damit besser ein.
- Das Flipchart als Pinnwand nutzen: Sie können das Flipchart als Pinnwand für klassische Moderationskarten nutzen, die Sie mit Klebestift befestigen.

Die Pinnwand

Die Pinnwand sollte in ihren Vorzügen und ihrer Wandelbarkeit nicht unterschätzt werden. Mit ihrer Hilfe lassen sich Ergebnisse aus Gruppenarbeiten sortieren und präsentieren, Bildmaterialien ausstellen, Ergebnisse visualisieren und Punktabfragen durchführen.

Die Pinnwand wird jedoch nicht nur als Präsentationmedium genutzt. Die Ziele der Arbeit mit der Pinnwand sind es:

- Informationen zusammenzutragen und übersichtlich zu ordnen
- Wichtiges zu betonen oder herauszustellen

- Gedankenwege und Prozesse transparent zu machen
- Lernprozesse darzustellen und zu dokumentieren
- Lerneffekte durch Aktivierung der Teilnehmenden und durch Visualisierung zu steigern

Das Handout

Damit die Teilnehmenden nicht nur ihre eigenen Erfahrungen, sondern auch handfestes Fachwissen mitnehmen können, gehören Handouts zu einem professionellen Seminar einfach dazu.

Ein Handout fasst die wichtigsten Informationen der Veranstaltung kurz und übersichtlich zusammen und gibt einen Überblick über Hintergrundwissen und/oder Fachliteratur. Es soll den Teilnehmenden ermöglichen, die Lerninhalte noch einmal nachzulesen bzw. zu vertiefen, ohne selbst mitschreiben zu müssen. Ein Handout kann natürlich auch neue, zusätzliche Informationen beinhalten.

Idealerweise gestalten Sie das Handout so übersichtlich, dass die Themen auf einen Blick zu erkennen sind und die Struktur des Seminars oder Workshops leicht nachempfunden werden kann. So kann die Einteilung der Kapitel oder Überschriften durchaus Ihren Folien vom Seminar oder Workshop entsprechen.

> Verwenden Sie Text aus dem Handout auf keinen Fall 1:1 für Ihre PowerPoint-Präsentation, denn dort gelten andere Gestaltungsregeln.

Üblicherweise wird ein Handout nach der Veranstaltung ausgeteilt, damit die Teilnehmenden nicht während des Seminars oder Workshops nachlesen oder Ihre Präsentation anhand des Handouts nachverfolgen – es sei denn, Sie wollen bereits während des Seminars auf einzelne Seiten eingehen. Ein Handout kann aber auch für eine Besprechung oder vor einer Diskussion ein Thesenpapier oder eine Tagesordnung sein, damit alle Teilnehmenden sich schon vorab mit den Inhalten auseinandersetzen können.

Die Qual der Wahl?

Es gibt noch viele weitere Medien und Präsentationsmaterialien, die Sie in Seminaren und Trainings zusätzlich nutzen können, z. B. Produkte oder Anschauungsobjekte. All diese Dinge können gezeigt, herumgereicht oder aufgebaut werden, um die Teilnehmenden neugierig und Wissen „begreifbar" zu machen. Filme, Bilder und Fotos eignen sich bestens dazu, einen konkreten Praxisbezug herzustellen oder aktuelle Geschehnisse dokumentarisch zu verdeutlichen.

Um das passende Medium für Ihre Lernziele und Inhalte zu finden, sollten Sie sich folgende Fragen stellen:

- Wie kann das Thema optimal dargestellt werden?
- Was wollen Sie zeigen, verdeutlichen, erklären?
- Welches Ziel verfolgen Sie mit dem jeweiligen Lernschritt, und welches Medium kann Sie dabei am besten unterstützen?

Das Ziel bestimmt das Medium! Vielleicht nutzen Sie ein Medium nur aus dem Grund, weil Ihnen der Umgang damit vertraut ist. Vergewissern Sie sich, ob es wirklich am besten dafür geeignet ist, den jeweiligen Lernschritt zu erreichen. Jedes Medium hat Vor- und Nachteile.

Medium	Vorteile	Nachteile
Darstellungen via Beamer	▪ Einspielen von Ton und Bild möglich ▪ Kann flexibel geändert und versendet werden ▪ Unabhängig vom persönlichen Schriftbild ▪ Gruppengröße: keine Grenze	Die Tücken der Technik, z. B.: Verbindung zwischen PC und Beamer klappt nicht
Flipchart/ Plakat	▪ Gut vorzubereiten und wiederverwendbar ▪ Kann als „Liveplakat" und als fertiges Plakat eingesetzt werden ▪ Gut für die Gruppenarbeiten	▪ Relativ kleine Fläche: in großen Räumen für Teilnehmer hinten nicht gut sichtbar ▪ Nutzen sich ab, können nicht beliebig oft verwendet werden

Medium	Vorteile	Nachteile
Whiteboard	Kann spontan gestaltet werden	▪ Kann nicht oder nur sehr eingeschränkt vorbereitet werden ▪ Unflexibel, da in der Regel an der Wand befestigt ▪ Nicht gut lesbar (spiegelt, spitze Stifte)
Pinnwand	▪ Aktive Beteiligung der Teilnehmenden ▪ Karten können flexibel umgehängt werden	Relativ kleine Fläche; je nach Raum und Teilnehmeranzahl nicht gut sichtbar

Tipps aus der Praxis

- Ein Plakat, das an der Wand befestigt wird, eignet sich gut, um den Ablaufplan zu visualisieren, der damit durchgehend für alle sichtbar ist.
- Anregungen, Praxisbezüge oder Erwartungen von Teilnehmenden lassen sich gut am Flipchart oder an einer Pinnwand darstellen, damit der Trainer jederzeit und für alle sichtbar darauf Bezug nehmen kann.

Richtig visualisieren auf Pinnwand und Flipchart

An Bilder können wir uns leichter erinnern als an Wörter. Wenn wir uns also Fakten merken wollen, ist es hilfreich, diese zu visualisieren. Die sog. Hemisphärentheorie der Gehirnforschung geht – vereinfacht dargestellt – davon aus, dass unser Gehirn in zwei Hälften (Hemisphären) aufgeteilt ist. Die rechte Seite ist für die Logik, Rationalität und Sachlichkeit zuständig, die linke Seite mehr für die Emotionalität und Kreativität. Gehirngerechtes Lernen bedient sich deshalb immer unterschiedlicher Sinnenkanäle, damit möglichst immer beide Hemisphären angesprochen werden. Mittels Visualisierung wird die Merkfähigkeit daher erheblich verbessert.

Beispiel:

Ein MindMap bedient in hervorragender Art und Weise beide Gehirnhälften: Inhalte werden miteinander verknüpft und mit Hilfe unterschiedlicher Formen, Bildern und Farben visuell verdeutlicht oder gewertet.

Im digitalen Zeitalter wird die Handschrift immer mehr durch getippte Buchstaben ersetzt. Für Trainer zahlt sich jedoch eine gut leserliche Schrift immer noch aus. Sie ist immer dann gefragt, wenn es darum geht, Inhalte auf dem Flipchart, der Pinnwand und Plakaten zu visualisieren. Keine Angst, das bedeutet nicht, dass Sie sich wie damals in der Schule mühsam Schönschrift aneignen müssen! Die folgenden fünf Tipps helfen Ihnen dabei, ganz einfach eine leserliche Schrift zu erwerben.

Tipp 1: Schreiben Sie groß!

Wählen Sie große Buchstaben (aber nicht Großbuchstaben!), so dass alle Teilnehmenden Ihre Schrift gut lesen können. Jeder Buchstabe bzw. jedes Zeichen sollte mindestens 5 cm groß sein.

Die richtige Schriftgröße

Bei kariertem Papier haben sich die folgenden Größenverhältnisse bewährt:

- Großbuchstaben: 2 Linien
- Kleinbuchstaben: mindestens eine Linie

Verwenden Sie bei kariertem Flipchart-Papier ruhig auch einmal die Blankorückseite. Das Karo von der Vorderseite schimmert leicht durch, und so können Sie ohne störende Hilfslinien das Blatt gestalten, haben aber trotzdem eine Orientierung, um z. B. gerade schreiben zu können.

Tipp 2: Nutzen Sie Druckschrift

Kleine und große Druckbuchstaben sind deutlich besser lesbar als Buchstaben in Schreibschrift. Die meisten Menschen schreiben Druckbuchstaben langsamer und damit automatisch deutlicher.

Tipp 3: Verwenden Sie Keilstifte!

Investieren Sie in sog. Keilstifte. Stifte dieser Art haben eine abgeschrägte Spitze. Schreiben Sie jedoch nicht mit deren Spitze, sondern mit der ganzen Fläche. Dadurch erzeugen Sie automatisch ein breiteres und lesbareres Schriftbild.

Tipp 4: Nutzen Sie einfache Symbole!

Verwenden Sie einfache, allgemeingültige Zeichen wie z. B. Smileys, Ausrufezeichen und Fragezeichen, um bestimmte Aussagen und Informationen hervorzuheben. Solche Symbole bedürfen keines künstlerischen Geschicks und nur wenig Übung, haben jedoch einen großen Vorteil: Sie verbessern die Aufmerksamkeit der Teilnehmenden deutlich.

> Sie können auch Zeichen und Piktogramme ausdrucken und mithilfe von doppelseitigem Klebeband anheften.

Tipp 5: Haben Sie Mut zur Farbe!

Farben tragen dazu bei, Wichtiges hervorzuheben oder Zusammenhänge zu visualisieren. Benutzen Sie jedoch nicht mehr als drei Farben. Die Farbe Rot ist reserviert für besonders wichtige Thesen, Stichworte oder Ideen, da sie Signalwirkung hat.

Mit Wachsmalstiften können Sie einzelne Wörter oder Themen schnell, einfach und gut farblich hervorheben.

Das wichtigste Medium: der Trainer

Kein Medium ist so interessant wie die Person, die das Thema vorträgt. Keine PowerPoint-Präsentation und auch kein Plakat sind spannender als Sie selbst. Medien untermauern zwar Ihre Vorgehensweise, ersetzen jedoch niemals die Beziehung, die Sie zu den Teilnehmenden in direktem Kontakt aufbauen können.

Die persönliche Beziehung zwischen Trainern und Teilnehmenden ist äußerst hilfreich, um eine konstruktive Lernatmosphäre entstehen zu lassen. Medien sollten lediglich Hilfsmittel dafür sein, Inhalte und Vorgehensweisen noch besser zu verstehen. Die Hauptrolle spielt jedoch immer der persönliche Kontakt. Er wird maßgeblich dadurch gestaltet, wie Sie auftreten, wie Sie sprechen, welchen Blickkontakt Sie aufbauen und wie Sie auf die Interessen und Wünsche der Teilnehmenden eingehen.

Hier finden Sie nützliche Tipps, die Ihnen helfen, einen guten Kontakt zu den Teilnehmenden herzustellen.

- Sprechen Sie die Teilnehmenden persönlich und direkt an. Versuchen Sie Anreden mit „man" oder „könnte, sollte" zu vermeiden. Stattdessen sprechen Sie die Teilnehmenden am besten persönlich mit ihrem Namen an.
- Modulieren Sie Ihre Stimme. Wenn Sie Sätze ausdrucksvoll betonen, Pausen setzen und auch einmal leiser oder lauter sprechen, wirkt Ihre Sprechweise lebendig und anregend.
- Achten Sie auf eine positive Körpersprache. Stehen Sie aufrecht und frei, ohne sich z. B. am Flipchart, der Pinnwand oder am Stuhl festzuhalten.
- Wechseln Sie zwischen Sitzen und Stehen. Dadurch können Sie die Aufmerksamkeit der Teilnehmenden immer wieder neu gewinnen.
- Halten Sie mit allen Teilnehmenden Blickkontakt. Die meisten Menschen haben eine Raumseite, in die sie bevorzugt sehen, während sie die andere vernachlässigen. Seien

Sie sich dieser blinden Ecken bewusst und stellen Sie Blickkontakt auch mit dort Sitzenden her.

- Sprechen Sie immer in Richtung der Teilnehmer. Drehen Sie ihnen nicht den Rücken zu, auch nicht bei der Nutzung von Präsentationsmedien.
- Stellen Sie sich nicht seitlich, da Sie sonst einem Teil der Teilnehmenden die Sicht versperren. Achten Sie darauf, dass Sie immer mit der Körpervorderseite zu 100 % den Teilnehmenden zugewandt sind.
- Erzählen Sie Geschichten! Diese prägen sich leichter ein als aufwendig aufbereitete Grafiken.

Die 10 besten Aktivierungsmöglichkeiten

Je aktiver alle am Arbeits- und Lernprozess mitwirken, umso größer ist der Lerneffekt im Seminar und desto besser sind die Ergebnisse im Workshop. So aktivieren Sie Ihre Teilnehmer:

1. Zeigen Sie den Teilnehmenden, welchen praktischen Nutzen sie aus den Lerninhalten ziehen können. Je besser Ihnen das gelingt, umso begeisterter werden die Teilnehmer sein.
2. Setzen Sie bewusst Fragetechniken ein, um die Teilnehmenden in das Thema zu ziehen und ihr Wissen sowie ihre Erfahrungen einbringen zu können. Mit geschickten Fragen leiten Sie die Teilnehmenden sicher durch das Thema und binden ihre Aufmerksamkeit.

3 Präsentationsmedien unterstützen Sie bei der Visualisierung der Inhalte, wenn Sie sie gezielt, abwechslungsreich und sinnvoll einsetzen. Medien sollten immer so verwendet werden, dass sie Ihre Arbeit unterstützen und nicht mit ihr konkurrieren.

4 Setzen Sie immer wieder Aufmerksamkeitssignale. Kündigen Sie z. B. besonders wichtige oder spannende Inhalte an. Das weckt die Neugierde der Teilnehmer.

5 Formulieren Sie positiv. Das macht es den Teilnehmenden leichter, sich auf Lernprozesse einzulassen. Statt: „Ich weiß, dass das schwer zu verstehen ist", formulieren Sie besser: „Ich bin sicher, dass Sie einen guten Zugang zu diesem Thema finden werden".

6 Mischen Sie die Trainingsmethoden und Techniken, so dass die Teilnehmenden immer wieder mit Neuem konfrontiert werden. Ein erfolgreiches Training, Seminar oder ein gelungener Workshop ist immer ein anregender Mix aus vielen verschiedenen Methoden und Techniken.

7 Halten Sie sich und die Teilnehmenden in Bewegung. Das gelingt, indem Sie stehend an der Pinnwand arbeiten oder Kleingruppenarbeit nicht im Sitzen im Seminarraum durchführen, sondern mit einem kurzen Spaziergang z. B. nach der Mittagspause verknüpfen.

8 Bieten Sie zur Abwechslung immer mal wieder kleine Spiele, Rätsel an, erzählen Sie Geschichten oder zeigen Sie kurze Filmausschnitte. Das schafft kleine Entspannungspausen und macht Spaß.

9 Greifen Sie die Erwartungen, die zu Beginn des Seminares genannt wurden, immer wieder auf und nehmen Sie Bezug darauf.

10 Vergessen Sie alle Regeln und Tipps und machen Sie einfach einmal etwas ganz anders, als die Teilnehmenden es gewohnt sind. Auch das ist eine Möglichkeit, Neugierde zu wecken und Aufmerksamkeit zu gewinnen.

Beispiel:

Eine Trainerin begrüßt die Teilnehmenden freundlich. Alle erwarten, dass sie nun das Seminar beginnt. Sie aber macht etwas völlig anderes: Sie setzt sich zu den Teilnehmenden und schaut diese erwartungsfroh an. Ein, zwei Minuten herrscht völlige Irritation. Dann wird Gemurmel laut. Daraufhin steht sie auf und verkündet: „Sehen Sie, so ist das, wenn man etwas erwartet und dann etwas ganz anderes passiert." Ein perfekter Anfang für ihr Seminar zum Thema „Servicewüste Deutschland".

Auf einen Blick: Die Arbeitsphase

- In der Arbeitsphase geht es mitten hinein in die Themenbearbeitung. Sie entscheidet darüber, ob die Teilnehmer später mit neuem Wissen und motiviert nach Hause gehen.
- Didaktik und Methodik halten viele bewährte Instrumente bereit, Lerninhalte spannend und locker zu vermitteln. Je ausgeklügelter der Mix dieser Werkzeuge ist, desto eher gelingt es, Wissen nachhaltig und lebendig zu vermitteln.
- Präsentationsmedien, wie z. B. das Flipchart oder das Handout, helfen dabei, Wissen mit allen Sinnen erlebbar zu machen – vorausgesetzt, sie werden richtig eingesetzt.

Die Abschlussphase

Ende gut, alles gut. Dieses Sprichwort gilt nicht nur für Geschichten, sondern auch für Seminare, Trainings und Workshops. Eine gelungene Abschlussphase ist entscheidend dafür, dass Sie und Ihre Arbeit positiv in Erinnerung bleiben.

In diesem Kapitel erfahren Sie u. a.,

- wie Sie erreichen, dass die Teilnehmer das neue Wissen nachhaltig in ihren Berufsalltag integrieren,
- warum Sie nie auf Feedback verzichten sollten,
- wie Sie ein gutes Ende finden.

So bleibt das neue Wissen dauerhaft präsent

Im Idealfall gehen die Teilnehmenden am Ende des Seminars oder Workshops mit guten Ergebnissen, neuem Wissen und Erkenntnissen nach Hause. So beflügelnd diese Lernerfahrung zunächst für alle Beteiligten ist: Leider gerät nach einer Weile Einiges, was erarbeitet wurde, im Alltag schnell in Vergessenheit, wenn es nicht angewendet wird. Um dies zu verhindern, ist es wichtig, die Ergebnisse zu sichern und den Praxistransfer herzustellen.

Ergebnisse sichern

Ziel der Ergebnissicherung ist es, einen möglichst hohen Lerntransfer zu ermöglichen: Alles, was im Seminar oder Workshop an neuen Erkenntnissen oder neuem Wissen erarbeitet wurde, wird dokumentiert, so dass es später in der Praxis Verwendung finden kann.

Beispiel:

Sie können die Teilnehmenden auffordern, ihre Lernergebnisse oder ihr Fazit zur Veranstaltung auf Karten zu schreiben und diese dann an einer Pinnwand zu befestigen.

Oder:

Die Teilnehmer rufen Ihnen die Ergebnisse zu. Sie dokumentieren diese auf einem Plakat, auf dem Maßnahmenplan, an der Pinnwand und fertigen ein Fotoprotokoll.

Fotoprotokolle oder auch Videodokumentationen sind gute Mittel, um Arbeitserkenntnisse nachhaltig zu sichern. Fotografieren oder filmen Sie dazu, nachdem Sie sich das Einverständnis der Teilnehmenden dafür geholt haben, einzelne Arbeitsschritte auf Plakaten, Tafeln oder Pinnwänden. Die so entstandenen Dokumente können Sie später allen zugänglich machen, damit sie auch in der Zeit nach dem Seminar oder Workshop von den Erkenntnissen und Vereinbarungen profitieren können. Foto- und Filmprotokolle helfen außerdem dabei, Missverständnissen, so z. B. über Zuständigkeiten, vorzubeugen.

> Bereits nach Phasen der Gruppen-, Partner- oder Einzelarbeit können Ergebnisse gesichert und dokumentiert werden.

Praxistransfer herstellen

Das A und O eines erfolgreichen Seminars oder Workshops ist der Praxistransfer. Nur wenn es gelingt, dass die Teilnehmenden möglichst viel von dem Erarbeiteten in ihrem Alltag umsetzen können, hat die Veranstaltung ihren Zweck erfüllt.

Folgende Ideen unterstützen die Teilnehmenden beim Praxistransfer:

- Initiieren Sie Patenschaften: Lassen Sie die Teilnehmenden Patenschaften bilden, in denen sie sich gegenseitig an die Umsetzung erinnern und sich gegenseitig motivieren können.
- Fördern Sie die Gruppenkontrolle: Fragen Sie in der Abschlussrunde nach, was die Teilnehmenden konkret in ihren Praxisalltag integrieren wollen. Wenn sie sich gegenseitig an ihre Umsetzungspläne im Alltag erinnern, erhöht dies auch die Chance, dass sie mehr Lerninhalte umsetzen.

- Vereinfachen Sie die Selbstkontrolle: Lassen Sie die Teilnehmenden einen Brief an sich selbst schreiben, der alles das enthalten soll, was sie sich aufgrund des Seminars vorgenommen haben. Den Brief adressieren die Teilnehmer an sich selbst und geben ihn verschlossen der Trainerin. Sie versendet ihn dann nach einer vereinbarten Zeit an den jeweiligen Verfasser.
- Setzen Sie Anker: Fordern Sie die Teilnehmenden auf, ein Symbol oder einen Slogan für das Gelernte zu finden, so dass sie selbst ein Bild oder ein Wort mit nach Hause nehmen können, das sie an ihre Vorsätze erinnert.
- Machen Sie kleine Geschenke: Ein Geschenk mit Symbolwert ist eine gute Methode, um an die Umsetzung der Lerninhalte zu erinnern. Je nach Inhalt des Seminars oder Workshops findet sich bestimmt ein passendes Give-away, z. B. eine zum Thema passende Postkarte, ein kleines Büchlein oder witzige Aufkleber, die an die Vereinbarung erinnern sollen.
- Halten Sie Kontakt zu den Teilnehmenden: Schreiben Sie Erinnerungsmails. Bieten Sie darin zusätzlich noch ein paar vertiefende Impulse an. Das erhöht die Wahrscheinlichkeit, dass Ihre Mails auch gelesen werden.

Beispiel:

Schreiben Sie eine paar Wochen nach dem Seminar oder Workshop z. B. Folgendes an die Teilnehmenden: „Sehr geehrte Frau XY, sicherlich ist bei Ihnen bereits der Alltag wieder eingekehrt und Sie konnten das ein oder andere aus dem Seminar in die Praxis umsetzen. Diese Mail soll Sie wieder daran erinnern, was Sie sich vorgenommen hatten ..."

- Senden Sie einen Fragebogen: Schicken Sie den Teilnehmenden drei Wochen nach dem Seminar oder Workshop einen Fragebogen zu, um nachzuhalten, inwieweit das Gelernte umgesetzt werden konnte.
- „Fortsetzung folgt!": Bieten Sie weiterführende Seminare oder Workshops und individuelles Coaching zum Thema an.

Feedback: unverzichtbar für Ihre Qualitätssicherung

Wer auf Dauer als Trainer erfolgreich sein will, muss Qualitätssicherung betreiben. Hierbei spielt das Feedback der Teilnehmenden eine wichtige, wenn nicht sogar die entscheidende Rolle. Schließlich sind die Teilnehmer Ihre „Kunden" und damit die Gradmesser dafür, ob Verbesserungsbedarf besteht. Lassen Sie sich daher nicht die Chance entgehen, sie zum Abschluss des Seminars zu befragen.

Die Teilnehmerbefragung ist ein wichtiges Instrument, um

- verbliebene offene Fragen zu klären,
- eine Rückmeldung zu Ihrer Arbeit zu erhalten,
- Ideen und Anregungen für künftige Seminare und Workshops zu erhalten,
- Folgeaufträge zu generieren.

Die Befragungen sollen Ihnen Aufschluss darüber geben, wie die Teilnehmenden das Seminar oder den Workshop erlebt haben. Eine Teilnehmerbefragung können Sie sowohl mündlich als auch schriftlich durchführen.

- Sie können den Teilnehmenden in der Schlussrunde Fragen stellen und die Antworten für sich notieren.

Beispiel:

Was ist Ihr Fazit nach dem heutigen Tag?

Wie zufrieden sind Sie mit der heutigen Veranstaltung auf einer Skala von 1 bis 10?

Was war förderlich? Was war hinderlich?

Was nehmen Sie mit? Was lassen Sie zurück?

Wurden die angestrebten Ziele erreicht?

- Sie können auch Fragebögen verwenden, die Sie entweder am Ende der Veranstaltung verteilen und ausfüllen lassen, oder online anbieten.

Wie Sie einen Fragebogen konzipieren

Wählen Sie Fragen mit einer Auswahl an vorformulierten Antworten. Solche Multiple-Choice-Bögen haben folgende Vorteile:

- Sie können schnell ausgefüllt werden.
- Sie nehmen solchen Teilnehmenden, die sich davor scheuen, selbst Antworten zu formulieren, die „Ausfüllangst".
- Sie erhalten vergleichbare Werte und können die Ergebnisse der Fragebogenaktionen effizient auswerten.

Lassen Sie jedoch immer ein Fenster für individuelle Anmerkungen und Rückmeldungen.

Dokumentieren und sammeln Sie vor allem positives Feedback, denn das geht sonst im Arbeitsalltag schnell wieder unter. Gute Rückmeldungen können Sie, die Erlaubnis der Teilnehmenden vorausgesetzt, als Referenzen auf Ihrer Internetseite verwenden. Vielleicht haben die Teilnehmenden ja auch Stärken an Ihnen entdeckt, die Ihnen so noch nicht bewusst waren. Ergänzen Sie damit doch Ihr Trainerprofil!

Es gibt einen einfachen Trick, der dazu führt, dass ein Fragebogen relativ gut das tatsächliche Stimmungsbild oder auch den Lernerfolg abbildet: Bieten Sie immer eine gerade Zahl von Antworten an (siehe den abgebildeten Fragebogen). So zwingen Sie die Teilnehmenden, sich zu entscheiden, ob ihre Rückmeldung eher gut oder schlecht ausfallen soll. Bei einer ungeraden Auswahl von Antworten neigen viele Menschen dazu, den mittleren Wert anzukreuzen und somit undifferenzierte Aussagen zu treffen.

Lassen Sie Raum für anonymes Feedback. Weisen Sie die Teilnehmenden darauf hin, dass es ihnen freigestellt ist, ihren Namen anzugeben. Viele Menschen antworten ehrlicher, wenn sie sich nicht kontrolliert oder beobachtet fühlen und wirklich frei ihre Rückmeldung geben können.

Denken Sie bei der Formulierung der Fragen daran, auch nett zu sich selbst zu sein. Statt nur nachzufragen, was die Teilnehmenden alles besser machen würden, fragen Sie auch, was ihnen gut gefallen hat oder welche Tipps sie für zukünftige Seminare oder Workshops haben.

So könnte Ihr Fragebogen aussehen

Seminar-Beurteilung

Seminar:
Termin:
Referent/in:

(Angabe freiwillig)

		Hervorragend (bitte ankreuzen)	Gut	Befriedigend	Unbefriedigend	Kurze Begründung
1.	**Gesamteindruck**					
1.1	Fachkompetenz der Referentin					
1.2	Inhalte + Wahl der Schwerpunkte					
1.3	Verhältnis Sachvermittlung/Übungen					
1.4	Seminaratmosphäre					
1.5	Neue Anregungen					
1.5	Umsetzbarkeit in die Praxis					

2.	**Wie beurteilen Sie den Nutzen dieses Seminars?**	**wertvoll**	**nützlich**	**gering**	**ohne Nutzen**
2.1	Für Ihre Arbeit				
2.2	Für Sie persönlich				
3.	**Was hat Ihnen besonders gefallen?**				
4.	**Was hat Ihnen nicht gefallen?**				
5.	**Welche Anregungen hätten Sie für weitere Veranstaltungen zu diesem Thema?**				

Vielen Dank für Ihre Unterstützung!

10 Ideen für ein gutes Ende

Der erste Eindruck ist entscheidend – der letzte Eindruck aber bleibt! Ein guter und positiver Abschluss in den letzten Minuten des Seminars oder Workshops ist ausschlaggebend dafür, dass sich die Teilnehmenden gerne an die Veranstaltung erinnern werden und Sie vielleicht sogar weiterempfehlen.

Nachdem Sie die erreichten Lernziele mit einer positiven Aussage zusammengefasst und die Feedbackrunde durchgeführt haben, können Sie den Abschluss des Seminars oder Workshops ankündigen.

Bedanken Sie sich bei den Teilnehmenden, sprechen Sie gute Wünsche für deren Zukunft aus und enden Sie mit Ihrem persönlichen Fazit. Hier gibt es viele Möglichkeiten. Einige, die Sie auch miteinander kombinieren können, stelle ich Ihnen hier vor.

1 Geben Sie positives Feedback: Es bietet sich an, den Teilnehmern ein positives Feedback zu geben. Über diese Rückmeldung freut sich jeder. Ein schöner Nebeneffekt dieser Vorgehensweise ist es, dass sich die Teilnehmenden daraufhin in der Regel auch bei Ihnen bedanken werden. Und das ist nach einem langen Arbeitstag doch ein gutes Gefühl!

Beispiel:

„Danke für die tolle Zusammenarbeit! Ich nehme aus unserem Seminar sehr viele neue Erkenntnisse mit."

Oder:

„Danke! Es hat mir heute viel Spaß gemacht, mit Ihnen zusammen dieses Thema zu bearbeiten."

2 Fassen Sie das Wichtigste kurz und knackig zusammen: Bilden Sie eine knackige Argumentationskette, die alle wichtigen Themen noch einmal komprimiert wiederholt und auf den Punkt bringt. Schließen Sie diese Zusammenfassung mit einer positiven Botschaft ab, welche die Quintessenz der Zusammenfassung enthält, selbst wenn sie vielleicht dabei etwas vereinfachend und plakativ ist.

3 Nutzen Sie die Macht des Refrains: Ein Refrain prägt sich besonders gut ein. Sie kennen ihn aus der Musik oder aus Gedichten als Text, als Melodie, die sich nach jeder Strophe wiederholt. Suchen Sie sich eine zentrale Aussage oder ein Beispiel, das Sie im Lauf der Veranstaltung immer wieder zitieren, mit dem Sie immer wieder spielen und das Sie zum Abschluss gezielt pointieren.

4 Zitieren Sie: Zitate machen sich immer gut, wenn sie passend sind. Vor allem am Schluss eines Seminars setzen sie einen guten Endpunkt. Zitate unterstreichen die Wichtigkeit und die Richtigkeit Ihrer Aussagen, wenn Sie jemanden zitieren, der eine anerkannte Kompetenz zu dem Thema aufweist. Gehen Sie immer sparsam mit Zitaten um. Ein oder zwei passgenaue Zitate wirken weitaus überzeugender als ein Sammelsurium. Übrigens: Denken Sie bei Zitaten nicht nur an Klassiker der Weltliteratur. Auch Sprichwörter, Songs oder bekannte Werbeslogans können denselben Zweck erfüllen.

5 Schließen Sie den Kreis: Wollen Sie, dass Ihre Seminar sich für die Teilnehmenden so richtig „rund" anfühlt? Dann beschließen Sie es doch so ähnlich, wie Sie es be gonnen haben: mit den gleichen Worten, mit demselben

Vergleich, mit demselben Beispiel. Spannen Sie einen Bogen vom Anfang zum Ende oder durchziehen Sie sogar das gesamte Seminar mit einem Fallbeispiel, das Sie am Ende auflösen.

Beispiel:

> Sie können am Anfang ein Praxisproblem nennen und fragen, wie es wohl zu lösen wäre. Im Lauf des Seminars entwickeln Sie Ideen dazu, um am Ende zu dem Fall zurückzukehren und zu verkünden, wie die von Ihnen vorgestellten Tipps erfolgreich genutzt wurden, um das Problem zu lösen.

6 Appellieren Sie: Haben Sie in Ihrem Seminar eine Methode vorgestellt, die Ihre Zuhörer in Beruf oder Alltag umsetzen sollen? Dann bietet es sich an, dass Sie mit einem Appell schließen, der die Teilnehmenden zur Umsetzung motiviert. Zeigen Sie Ihren Zuhörern, dass Sie an sie glauben. Verwenden Sie Begriffe, die positiv belegt sind und den Ehrgeiz Ihres Publikums wecken.

Beispiel:

> „Suchen Sie das Gespräch mit Ihren Teammitgliedern. Setzen Sie sich zusammen und reden Sie miteinander, teilen Sie mit, was Ihnen auf dem Herzen liegt. Ich bin mir sicher, dass Sie das alle erfolgreich umsetzen können."

7 Erzählen Sie Geschichten: Geschichten bleiben in unserem Gedächtnis haften. Sie bilden daher einen Abschluss, an den sich die Teilnehmenden lange erinnern können. Geschichten können Fallbeispiele, Erfahrungsberichte, Anekdoten oder reine Fiktion sein. Auch Metaphern bieten sich an, die in den Teilnehmenden Bilder erzeugen.

8 Wünschen Sie den Teilnehmenden etwas: Gute Wünsche bekommt jeder gerne. Wenn Sie jemandem etwas wünschen, zeigen Sie ihm, dass er Ihnen wichtig ist und Sie das Beste für ihn hoffen. Wenn Sie den Wunsch mit den Lernzielen verknüpfen, erzielen Sie damit inhaltlich nachhaltige Wirkung beim Teilnehmer.

Beispiel:

„Sie sehen also, wie wichtig es ist, regelmäßige Teambesprechungen durchzuführen. Ich wünsche Ihnen dafür viel Erfolg!"

9 Blicken Sie in die Zukunft: Wenn Sie eine Seminarreihe halten, dann können Sie am Ende auch auf die weiteren Blöcke verweisen.

Beispiel:

„Heute haben wir uns die Theorie angesehen. Morgen zeige ich Ihnen, wie Sie das Ganze in die Praxis umsetzen können!"

10 Schließen Sie mit Ihrem Slogan: Haben Sie ein Markenzeichen oder einen Slogan für Ihre Seminare oder Trainings? Schön, wenn das so ist. Texte dieser Art eignen sich gut für einen Abschluss Ihrer Veranstaltungen.

Auf einen Blick: Die Abschlussphase

- Das beste Seminar oder Training, der konstruktivste Workshop helfen nichts, wenn die Teilnehmer ihr neues Wissen anschließend nicht in ihren Berufsalltag integrieren. Ein guter Trainer stellt sicher, dass dieser Praxistransfer gewährleistet ist.
- Nicht nur die Teilnehmer nehmen nach einem Seminar neues Wissen mit nach Hause. Auch der Trainer lernt dazu – vor allem durch ein ehrliches Feedback seiner Kunden.
- Es gibt viele unterschiedliche Arten, einen guten Schlusspunkt unter ein erfolgreiches Seminar zu setzen. Hier gilt die Devise: Seien Sie kreativ und bleiben Sie positiv in Erinnerung!

Immer besser und erfolgreicher werden

Wirklich erfolgreiche Unternehmen machen es vor: Sie ruhen sich nicht auf ihren Erfolgen aus, sondern tun alles dafür, um noch besser zu werden. Auch im Trainerberuf sollten Sie dieses Prinzip beherzigen.

In diesem Kapitel erfahren Sie u. a.,

- warum Selbstreflexion Ihre Leistungen optimiert,
- welche Weiterentwicklungsmöglichkeiten sich für Trainer bewährt haben,
- wie Sie sich im hart umkämpften Trainermarkt einen Namen machen.

Selbstreflexion: der Blick zurück

Das Seminar ist beendet, alle Teilnehmenden haben sich auf den Heimweg gemacht. Und auch Sie sitzen im Zug oder im Auto und fahren nach Hause. Sie haben neue Eindrücke und Erfahrungen gesammelt und Feedback von den Teilnehmenden für Ihre Arbeit bekommen. Wie gehen Sie aber jetzt damit um? Abhaken und ab in die Freizeit? Sie kennen die Antwort sicherlich schon: Nein, denn nach dem Seminar ist vor dem Seminar. In gut geführten Unternehmen findet nach dem Ende eines Projekts ein Review statt, damit die wertvollen Erkenntnisse und Erfahrungen, die während der Arbeit von den Mitarbeitern gesammelt wurden, nicht verloren gehen und für eine stetige Verbesserung der Prozesse ausgewertet werden können. Ähnliches sollten Sie nach einem Seminar tun. Da Sie Ihr eigenes Ein-Personen-Unternehmen sind, ist Ihr Review eine Selbstreflexion.

Selbstreflexion unterstützt Sie darin, sich selbst in Ihrer Rolle als Trainer bewusster wahrzunehmen. Die Fähigkeit, eine solche Selbstreflexion vorzunehmen, ist für die Verbesserung Ihrer Seminare und zum Ausbau Ihrer Trainerkompetenzen sehr wichtig. Je besser Sie sich und Ihre Reaktionen kennen, umso leichter wird es Ihnen fallen, Interaktionen zwischen sich und den Teilnehmenden richtig einzuschätzen. Das ist besonders in schwierigen Situationen sehr hilfreich.

Je sicherer Sie sich und andere einschätzen können, desto mehr wächst Ihr Selbstbewusstsein als Trainer. Und als Trainer können Sie eine gute Portion Selbstbewusstsein immer gebrauchen.

Der Prozess der Selbstreflexion

Nehmen Sie sich nach jedem Seminar, Training bzw. Workshop ausreichend Zeit, Ihre Eindrücke daraus zu reflektieren. Nutzen Sie die Chance, aus Ihren Erfahrungen zu lernen. Je öfter Sie das tun, umso selbstverständlicher und leichter wird es Ihnen im Lauf der Zeit fallen und umso größer wird Ihr Nutzen sein. Am besten starten Sie die Reflexion unmittelbar nach dem Seminar oder Workshop, dann gehen Ihre Eindrücke, Ideen oder wichtige Impulse nicht verloren.

Wir lernen nicht nur aus Fehlern, sondern auch aus Erfolgen. Beginnen Sie Ihre Analyse deshalb zuerst mit den Erfolgen, egal wie gut oder schlecht Sie die Veranstaltung bewerten:

- Was ist gut gelaufen?
- Was ist gelungen?
- Was würden Sie beim nächsten Mal wieder genauso machen?

Erst wenn Sie diese Fragen beantwortet haben, gehen Sie in die detaillierte Analyse Ihres Seminars oder Workshops. Der folgende thematisch geordnete Fragenkatalog hilft Ihnen, die Selbstreflexion und damit ein effizientes Qualitätscontrolling durchzuführen.

> Geben Sie auf keinen Fall vertrauliche Informationen der Teilnehmenden an andere weiter. Sie laufen sonst Gefahr, ihr Vertrauen für immer zu verlieren.

Fragenkatalog: Selbstreflexion

Fragenkatalog: Selbstreflexion	
Inhalte	▪ Konnten alle Inhalte behandelt werden?
	▪ Welche sind offen geblieben?
	▪ Welche neuen oder zusätzlichen Themen sind aufgetaucht?
Vorgehensweise	▪ Wie sinnvoll oder hilfreich war Ihre Vorgehensweise? (Methoden, Zeitplanung, Medieneinsatz etc.)
	▪ Welche Vorgehensweisen haben sich nicht bewährt?
	▪ Welche Ihrer Ideen zur Vorgehensweise wollen Sie zukünftig einsetzen?
Verhalten der Teilnehmenden	▪ Wie bewerten Sie die Gruppendynamik und das Verhalten der Teilnehmenden?
	▪ Was haben Sie konkret beobachtet bzw. woran machen Sie Ihre Bewertung konkret fest?
Feedback der Teilnehmenden	▪ Welche Impulse, Anregungen und Wünsche haben die Teilnehmenden benannt?
	▪ Welche Impulse möchten Sie zukünftig umsetzen? Welche nicht?
Ziele	▪ Welche Ziele wurden erreicht? Welche nicht?
	▪ Wie begründen Sie Ihre Einschätzung?
Vertiefung	▪ Welche Inhalte könnten/sollten vertieft werden?

Fragenkatalog: Selbstreflexion	
Veranstaltungsort	■ Wie zufrieden waren die Teilnehmenden und Sie selbst mit dem Veranstaltungsort? (z. B. Räumlichkeiten, Lichtverhältnisse, Temperatur, Organisation, Essen, Übernachtung, Parkmöglichkeiten)
	■ Was war förderlich/hinderlich?
Feedback an den Auftraggeber	■ Welches Feedback möchten Sie dem Auftraggeber geben?
Kundenbindung	■ Welche Empfehlungen möchten Sie dem Auftraggeber geben, z. B. im Hinblick auf die Ziele, die Inhalte, die Teilnehmenden, das Unternehmen?
	■ Welche Folgeaktivitäten zur Vertiefung schlagen Sie vor?
	■ In welcher Form wollen/können Sie den Kontakt zum Auftraggeber und zu den Teilnehmenden weiter pflegen?
Selbstmarketing	■ Welches Feedback hat Sie am meisten gefreut/überrascht?/nachdenklich gemacht?
	■ Gibt es eine Möglichkeit, über Ihre guten Erfahrungen zu berichten, z. B. in der Mitarbeiterzeitung, in einem Blog, einem Artikel in einer Fachzeitschrift?

Diesen Fragenkatalog finden Sie zum Download auf der „Arbeitshilfen online"-Seite zu diesem TaschenGuide, in der Rubrik „Kommunikation & Soft Skills" (www.haufe.de/arbeitshilfen; Buchcode TGA-HL12).

Exkurs: Die Vorort-Reflexion

Neben der ausführlichen Selbstreflexion nach dem Ende einer Veranstaltung hat sich auch die Vorort-Reflexion bewährt, um eine erste Analyse der gesammelten Erfahrungen durchzuführen.

Dabei nutzen Sie die Pausen während der Veranstaltung, um Ihr eigenes Verhalten im Seminar oder Workshop zu reflektieren. Sie spüren Ihren Gedanken, Gefühlen und Empfindungen nach, die Ihnen wichtige Hinweise zu aktuellen Themen in der Gruppe geben.

Beispiel:

Wenn Sie merken, dass Sie selbst unkonzentriert oder ungeduldig werden, kann dies ein Hinweis darauf sein, dass ein Methodenwechsel nötig ist.

Folgende Fragen können Ihnen bei dieser Reflexion helfen:

- Wie gut geht es mir im Augenblick auf einer Skala von 1 bis 10? Woran mache ich das fest?
- Was fühle ich seit Beginn des Trainings? Im Augenblick?
- Was beschäftigt mich?
- Was/wer fordert mich heraus und warum?

Weiterentwicklung mit Perspektivenwechsel

Es gibt noch weitere Möglichkeiten, eigenes Entwicklungspotenzial zu identifizieren und sich mit gezielter Weiterentwicklung permanent zu verbessern.

Der Austausch mit Kollegen

Der Blick eines Kollegen oder einer Kollegin auf eine Situation ist viel wert. Er oder sie kann Ihnen z. B. helfen, die Geschehnisse einmal von einem anderen Blickwinkel aus zu betrachten oder hat ganz andere Erfahrungen und Rückschlüsse zu den von Ihnen erlebten Situationen. Wenn Sie noch nicht über ein Netzwerk aus Kollegen verfügen, ist es oft auch schon hilfreich, einer dritten, außenstehenden Person von der Situation zu erzählen, um die Perspektive wechseln zu können.

Das Trainer-Logbuch

Ein regelmäßig geführtes Trainer-Logbuch – eine Art Tagebuch über die von Ihnen durchgeführten Veranstaltungen – ist hilfreich, um die eigene Entwicklung zu dokumentieren. Halten Sie Ihre Eindrücke in diesem Buch subjektiv und unzensiert fest. Besonders bei neuen Seminaren oder Workshops ist es sinnvoll, die dort gewonnenen Eindrücke niederzuschreiben, um sie nach einer gewissen Zeit mit mehr Abstand noch einmal zu reflektieren.

Sie können das Logbuch auch dazu nutzen, um sich Ihre Eindrücke „von der Seele“ zu schreiben. Das kann vor allem in Konfliktsituationen hilfreich sein. Sie können so das Erlebte besser verarbeiten und damit auch besser loslassen.

Werden Sie zum Teilnehmenden

Professionelle Weiterbildungsangebote, bei denen Sie selbst Teilnehmender sind und sich trainieren lassen, z. B. sog. Train-the-Trainer-Seminare, können Ihnen dabei helfen, über sich selbst und Ihre Rolle als Trainer nachzudenken. Wenn Sie sich dort mithilfe anderer Trainerkollegen bewusst machen, was Ihr Beitrag in dem Prozessen eines Seminars oder Workshop war, können Sie zukünftig konstruktiver Einfluss darauf nehmen.

Auch Supervision und Coaching sind gute Möglichkeiten, um das eigene Trainerdasein reflektieren und optimieren zu können.

Halten Sie Augen und Ohren offen

Wir leben in einer Zeit des Umbruchs auf dem Arbeits- und Bildungsmarkt. Die zunehmende Digitalisierung und die Tatsache, dass es immer mehr ältere Menschen und weniger jüngere geben wird, werden den Markt für Seminare, Workshops und Trainings nachhaltig verändern. Auf dem neuesten Stand der Technik zu sein, sich kontinuierlich Fachwissen anzueignen und seine Sozialkompetenzen weiterzuentwickeln, wird für Trainer zunehmend an Bedeutung gewinnen.

Folgende Tendenzen sind heute schon abzusehen und bei der Weiterentwicklung von Trainerinnen und Moderatoren bedeutsam bzw. interessant:

- Die Trainingsanbieter werden auf die zunehmende Globalisierung reagieren, denn trainieren in mehreren Sprachen und eLearning wird zunehmend wichtiger.
- Durch die Globalisierung wird Englisch im Seminar oder Workshop immer wichtiger.
- Neurophysiologische Erkenntnisse und der rasante Wissenszuwachs in der kognitiven Forschung werden unser Verständnis für Lernen und Bildung in den nächsten Jahren stark verändern.
- Ethische Fragen werden brisanter. Soziales und emotionales Kompetenztraining werden gleichrangig zur Vermittlung von Fachkenntnissen und -fertigkeiten. Der Begriff der Beschäftigungsfähigkeit wird in Zukunft, neben der Fachexpertise, an Bedeutung gewinnen.
- Trainingsangebote von der Stange („One Size fits All") werden immer weniger der Spezifik von individuellen Anforderungsprofilen gerecht.
- Coaching gewinnt zunehmend an Bedeutung und die Web-2.0-Technologien werden ihre volle Wirkung entfalten. Das kommt gleichzeitig mit dem Generationswechsel. „Serious Games", die Mithilfe von interaktiven Spielangeboten Wissen vermitteln, werden die klassischen E-Learning-Muster ablösen. Der Erfahrungsaustausch via Wikis, Weblogs und Podcasts wird qualitativ hochwertiger. Die Netzwerk-Idee wird so zu einem wesentlichen Element der Bildungskultur.

- Am Horizont wird die neue Web-3.0-Technologie für eine weitere Revolution sorgen. Die Technologie selbst avanciert durch zunehmende intelligente Anpassung an die Benutzer zu einem Element des Lernprozesses. Dies wird die Tendenz zur Individualisierung noch weiter antreiben. Mit Sicherheit wird es bald Lernsoftware und neue Medien geben, die sich an individuelle Lerngeschwindigkeiten und Vorlieben anpassen.

Veränderungen begünstigen nur den, der darauf vorbereitet ist, sagte einst der Vorzeigeunternehmer Henry Ford. Es ist wichtig, dass Sie als Trainer die Ohren am Puls der Zeit haben und sich offen auf Neues einlassen. Denn mit Sicherheit wird das eine oder andere noch auf uns zukommen, von dem wir heute noch nicht einmal ahnen, dass es dies einmal geben wird. Erinnern Sie sich einfach nur an all die unzähligen technischen Erfindungen der letzten Jahre. Es ist kaum vorzustellen, welche Möglichkeiten wir in zehn Jahren zu Verfügung haben werden.

Eines ist jedoch sicher: Der Markt an Seminaren, Workshops und Trainings wird lebendig und vielfältig, dynamisch und erfindungsreich bleiben. Vor allem auch dank der vielen Trainerinnen und Trainer, die engagiert, kreativ und beständig dafür sorgen, dass wir immer wieder Neues dazulernen.

Erfolg durch wirksames Selbstmarketing

Nach dem Seminar ist vor dem Seminar. Das gilt auch für das Marketing eines Trainers. Nach einer Veranstaltung sollten Sie daher auch gleich über Zusatz- oder Folgeangebote nachdenken, die Sie dem Auftraggeber anbieten können. Schicken Sie ihm z. B. ein (Vertiefungs-)Angebot zu einem Seminar, von dem Sie glauben, dass es für die Teilnehmenden hilfreich sein könnte.

Es kann sich zu Marketingzwecken auch anbieten, Kontakt zu den Teilnehmenden zu halten.

Beispiel:

Kontakt halten können Sie durch eine Rundmail mit Ergänzungen zu einem Handout. In dieser E-Mail bewerben Sie gleichzeitig Ihre Internetseite und/oder Ihren Newsletter.

Oder Sie bieten per Link in einer Mail eine Checkliste, ein Arbeitsblatt, eine Übersicht, eine Hilfe für die Umsetzung in die Praxis, eine witzige Anekdote, eine Geschichte, einen Videoclip, einen Podcast auf Ihrer Internetseite an.

Vielleicht fragen Sie auch einfach einmal nach: „Wie geht's? Konnten Sie die Inhalte umsetzen und anwenden?"

Ihre Internetseite bietet viele Möglichkeiten, um Zusatzdienstleistungen oder Informationen zu Verfügung zu stellen und Sie als Trainerexperten auf einem bestimmten Themengebiet auszuweisen. Deswegen ist sie ein wichtiges Marketinginstrument.

Beispiel:

Bieten Sie auf Ihrer Internetseite Downloads zu aktuellen Themen, Podcasts oder Fachartikeln an. Wenn Sie eine umfangreiche Internetseite haben, denken Sie doch einmal über das Einrichten eines Blogs oder eines Fachforums nach oder stellen Sie themenbezogene Online-Umfragen zur Verfügung.

Ein Internetangebot ist nur dann interessant und überzeugend, wenn es regelmäßig gepflegt und aktualisiert wird. Das braucht Zeit. Bieten Sie deshalb nur Services an, die Sie auch zeitlich bewältigen können.

Keine Werbung ist jedoch so effizient und kostengünstig wie die Empfehlung begeisterter Teilnehmender und Auftraggeber. Fragen Sie sich deshalb immer wieder, womit Sie deren Erwartungen übertreffen könnten. Damit erhöhen Sie die Wahrscheinlichkeit, dass die Teilnehmenden begeistert von Ihrem Seminar oder Training erzählen werden.

Auf einen Blick: Immer besser und erfolgreicher werden

- Selbstreflexion unterstützt Sie darin, sich in Ihrer Rolle als Trainer besser kennenzulernen. Nur derjenige, der sich selbst richtig und kritisch einschätzen kann, kann sein „Produkt" und seine Kompetenzen nachhaltig verbessern.
- Niemand ist eine Insel – dieser Grundsatz gilt auch für Trainerinnen und Trainer. Um neue Perspektiven kennenzulernen, ist ein kollegialer Austausch ungemein hilfreich.
- In einer sich immer schneller ändernden Welt gilt es, Augen und Ohren offenzuhalten. Nur so gelingt es, marktrelevante Trends und Entwicklungen rechtzeitig in das eigene Portfolio aufzunehmen.
- Nach dem Seminar ist vor dem Seminar. Das gilt auch für das Marketing eines Trainers. Bleiben Sie in Kontakt mit Ihren Kunden und rufen Sie sich immer wieder in Erinnerung. Die beste Werbung für Trainer: zufriedene Kunden.

Souverän bleiben bei Problemen und Pannen

Wo gehobelt wird, da fallen Späne. Dieses Sprichwort gilt auch im Trainerberuf. So läuft wohl kein Seminar, Workshop oder Training zu 100 Prozent perfekt. Fettnäpfchen und Stolpersteine lauern überall. Gut für den, der geschickt mit ihnen umzugehen weiß.

In diesem Kapitel erfahren Sie u. a.,

- welche Universalstrategien es für Notfälle gibt,
- wie Sie mit schwierigen Teilenehmern und problematischen Gruppen umgehen,
- wie Sie Ihre Nervosität in den Griff bekommen.

Drei Grundstrategien für Notfälle

Werden Trainer danach gefragt, was für sie das Schlimmste ist, was in einem Seminar oder Workshop passieren kann, dann nennen sie vor allem folgende Situationen:

- Teilnehmende stellen Fachfragen, die man nicht beantworten kann.
- Man hat einen Blackout und weiß einfach nicht mehr weiter.
- Die Teilnehmenden boykottieren den Workshop oder das Seminar und wollen nicht mehr mitmachen.
- Einzelne stören den Ablauf oder signalisieren, dass sie sich langweilen.
- Teilnehmende nutzen sog. Killerphrasen („Kennen wir alles schon! Das ist doch nichts Neues.", „Brauch ich nicht!"), auf die man nicht sofort die richtige Antwort parat hat.

All das kann Ihnen jederzeit passieren. Und ja, es stimmt, solche Situationen können Sie auch bei bester Vorbereitung nicht gänzlich verhindern. Doch es gibt Techniken, die Sie dabei unterstützen, diese Schwierigkeiten künftig souverän zu meistern. Neben der eigenen Gelassenheit und einer gewissenhaften Vorbereitung sind es drei Grundstrategien, die Ihnen hier weiterhelfen:

Bleiben Sie respektvoll und neutral

Bewerten Sie Aussagen nicht sofort, sondern betrachten Sie diese erst einmal freundlich und neutral. Fragen Sie sich: Was möchte der Teilnehmende damit ausdrücken?" Wenn Ihnen der Sinn einer Aussage nicht sofort klar ist, fragen Sie nach. Reagieren Sie erst darauf, wenn Sie wirklich verstanden haben, worum es geht. Je mehr Erfahrungen Sie mit dieser respektvollen und neutralen Haltung sammeln, umso leichter und gelassener können Sie auch in hitzigen Diskussionen bleiben.

Eine respektvolle Haltung gegenüber Teilnehmenden einzunehmen, heißt auch, sie nicht zu kompromittieren. Kontraproduktiv wäre es z. B., Quertreibern Fragen zu stellen, bei denen klar ist, dass sie die Antwort nicht wissen, wie dies früher so mancher Lehrer mit störenden Schülern machte. Stellen Sie lieber Fragen, welche die Teilnehmenden auch beantworten können, damit schaffen Sie einer konstruktive und effiziente Lernatmosphäre.

Ignorieren Sie Störungen nicht

Stellen Sie sich einmal folgende Situation vor: Sie sind Trainer in einem Seminar und eine Teilnehmende redet die ganze Zeit mit ihrem Nachbarn über, wie es scheint, private Angelegenheiten. Wenn Sie diese Störung nicht thematisieren, passiert vermutlich Folgendes: Das Geplauder stört nicht nur Sie, sondern auch andere Teilnehmende. Sie stellen sich selbst vielleicht in Frage oder ärgern sich über die beiden. Die Folge: Die Konzentration aller lässt nach. Irgendwann fragen sich die anderen Teilnehmenden, warum Sie eigentlich nicht darauf reagieren. Der eine oder andere beginnt vielleicht selbst ein Gespräch, weil er vermutet, dass Sie keinen besonderen Wert auf die Aufmerksamkeit der Teilnehmenden legen.

Hoffen Sie nicht darauf, dass eine Störung unbemerkt bleibt. Das passiert so gut wie nie. Peinlich wird eine Störung immer nur dann, wenn jeder sie bemerkt, aber keiner etwas sagt.

Jetzt stellen Sie sich noch einmal die gleiche Szene vor. Doch diesmal gehen Sie auf die Störung ein, indem Sie die beiden Störenfriede auf eine respektvolle Art und Weise persönlich ansprechen. Sie werden feststellen, dass die Situation sich sofort verändert und die Aufmerksamkeit sehr schnell wieder bei Ihnen und dem Thema ist.

Beispiel:

„Herr ... und Frau ..., wäre es okay für Sie, Ihr Gespräch auf die Pause zu verlegen? Das wäre sehr nett, denn sonst wird es etwas anstrengend für mich. Die Pause ist ja bald – in 10 Minuten. Oder sollen wir einen kleinen Augenblick warten?"

Bei anderen Störungen:

„Sie hören sicherlich auch die lauten Gespräche unserer Raumnachbarn. Ich gehe schnell mal rüber und sage dem Kollegen Bescheid, dass es hier sehr hellhörig ist."

„Ich habe gerade mitbekommen, dass viele von Ihnen auf die Uhr schauen. Wie wäre es, wenn wir eine kleine Pause machen und danach erfrischt weiterarbeiten?"

Thematisieren Sie auch Störungen, die nicht zu verändern sind, wie z. B. Baulärm. Das zeigt, dass Sie um das Wohl der Teilnehmenden bemüht sind.

Ob eine Störung durch die Teilnehmenden entsteht oder durch technische und/oder räumliche Gegebenheiten, in jedem Fall ist es wichtig, dass Sie bewusst entscheiden, ob und inwieweit Sie darauf reagieren wollen. Manchmal kann sich ein Trainer auch ganz bewusst dafür entscheiden, ein bestimmtes

Verhalten der Teilnehmenden zu ignorieren. so z. B. dessen Stottern aufgrund von Lampenfieber.

Wechseln Sie die Perspektive

Auch wenn es Ihnen manchmal so vorkommt: Die Teilnehmenden sind nicht morgens mit dem Vorsatz aus dem Haus gegangen, Sie zu ärgern. Wenn es schwierig wird, gibt es – aus Sicht der Teilnehmenden – immer einen guten Grund dafür. Das bedeutet nicht zwangsläufig, dass er oder sie recht hat, sich im Ton vergreifen oder Spielregeln verletzen darf (z. B. nebenbei Mails schreiben). Um den anderen aber besser verstehen zu können, sollten Sie die Perspektive wechseln und die Situation aus der Sicht der Teilnehmenden betrachten.

> Nehmen Sie nicht alles sofort persönlich. Es kann so viele unterschiedliche Gründe dafür geben, warum schwierige Situationen im Seminar entstehen. Oft hilft auch einfach ein große Portion Humor, um schwierige Situationen zu meistern. Nehmen Sie sich also hin und wieder die Freiheit, auch über sich selbst zu lachen.

Von Besserwissern und Störern

Kein Teilnehmender gleicht dem anderen. Manche sind sehr engagiert und aktiv, andere sind eher zurückhaltend, ängstlich oder sogar demotiviert. Jeder von ihnen bringt seine ganz eigene Persönlichkeit und individuelle Erfahrungen mit in das Seminar oder den Workshop.

Schwierige Teilnehmertypen

Selbstverständlich gibt es *den* „Teilnehmer" nicht. Allerdings gibt es eine Reihe typischer Teilnehmercharaktere, auf die man im Seminar bzw. im Workshop immer wieder trifft. Sie finden diese Typisierung auf den folgenden Seiten. Seien Sie jedoch achtsam und vorsichtig im Umgang mit Kategorisierungen. Sie ersetzen nicht den genauen Blick im Einzelfall. Setzen Sie eine solche Typenübersicht konstruktiv, wohldosiert und bewusst ein, kann Sie Ihnen helfen, eine Distanz zum Geschehen aufzubauen und gelassen(er) zu reagieren.

> Überlegen Sie doch einmal in Ruhe, welcher Teilnehmertyp Sie selbst sind und machen Sie sich bewusst, welche „guten Gründe" Sie für Ihr Verhalten in der jeweiligen Situation haben.

Der Professor

Was er tut: Er weiß viel und meist alles besser. Er ist Experte auf jedem Gebiet, das Sie bearbeiten wollen. Der Professor entdeckt auch die kleinste Argumentationslücke oder den winzigsten Fehler in Ihrem Seminar oder Workshop.

Was er will: Professoren haben in der Regel viel mitzuteilen und ein breites Wissensspektrum. Vor allem aber wollen sie Aufmerksamkeit und Anerkennung bekommen.

Was Sie tun können: Holen Sie ihn zu sich ins Boot. Machen Sie ihn zum Verbündeten und erkennen Sie seine Qualifikation an. Gegen ihn anzukämpfen oder gar in Konkurrenz zu gehen, kostet nur unnötige Kraft. Profitieren Sie stattdessen lieber von seinen Kompetenzen.

Der Kämpfer

Was er tut: Er meckert und kämpft seinen ganz eigenen Kampf. Er stellt sich gegen das Thema, die Rahmenbedingungen, die Ziele, den Trainer, einzelne Teilnehmende oder die gesamte Gruppe. Hin und wieder wird er ausfallend und sogar beleidigend.

Was er will: Meist will er recht haben und sucht die einzig richtige Lösung oder die absolute Wahrheit. Er ist ein Meister darin, Verbündete zu finden. Für das Verhalten dieses Teilnehmertyps kann es viele Gründe geben, z. B. Konkurrenz, persönliche Feindschaften, eigene schlechte Erfahrungen. Vielleicht steht er aber auch im Hinblick auf das Thema oder die Ziele unter Leistungsdruck.

Was Sie tun können: Versuchen Sie nicht mit ihm zusammen die absolute Wahrheit zu finden. Erkennen Sie lieber sein Engagement zum Thema an. Argumentieren Sie, dass seine Perspektive sicherlich richtig ist. Machen Sie aber auch gleichzeitig klar, dass jeder andere ebenfalls seine ganz eigene Sicht auf die Dinge haben darf. Sie können auch ein Gespräch unter vier Augen mit ihm führen, in dem Sie ihm Ihre Beobachtung mitteilen.

Beispiel:

„Herr …, mir ist heute Morgen aufgefallen, dass Sie sehr oft schweigen und den Blick senken, sobald ein Kollege von Ihnen mit einer neuen Idee kommt. Was ist denn der Hintergrund dafür?"

Der Kritiker

Was er tut: Seine Sätze beginnen häufig mit: „ Ja, aber ...". Sie erkennen den Kritiker also recht schnell. Teilnehmende dieses Typs können für die Trainerin sehr anstrengend sein, vor allem, wenn es ihnen nicht mehr um die Sache geht. Hin und wieder verweigern sie auch die Mitarbeit.

Was er will: Auf den ersten Blick ist dieser Typ sehr störend. Bei näherem Betrachten können Sie jedoch erkennen, dass auch dieser Teilnehmer gute Gründe für sein Verhalten hat. Vielleicht ist das „Aber" seine Art, Ihren Gedanken zu folgen und die eigenen Überlegungen dazu einzubringen.

Was Sie tun können: Bitten Sie ihn ruhig gezielt um Stellungnahme zu bestimmten Themen oder Aufgaben. Schenken Sie ihm Aufmerksamkeit und versuchen Sie das „Aber" nicht als Kritik, sondern wohlwollend und konstruktiv zu interpretieren. Lenken Sie stattdessen die Aufmerksamkeit wieder auf die Gruppe.

Beispiel:

„Danke für Ihren Beitrag. Ich würde gerne noch mehrere Meinungen zum Thema hören."

Oder Sie erinnern ihn an die Spielregeln, die zu Beginn vereinbart wurden.

Der Rebell

Was er macht: Er möchte ausbrechen, alles einmal anders machen. Manchmal boykottiert er Aufgaben und Vorgehensweisen und möchte seinen ganz eigenen Weg finden. Oftmals fügt sich ein Rebell nur schwer in die Gruppe ein.

Was er will: Dieser Teilnehmende agiert frei nach dem Motto „Freiheit, Gleichheit und Gerechtigkeit". Diese Haltung begleitet sein ganzes Arbeiten. Am liebsten möchte er Hierarchien und einengende Prozesse abschaffen. Vielleicht hat er ein Problem damit, Autoritäten anzuerkennen?

Was Sie tun können: Flachen Sie die Hierarchie ab, z. B. indem Sie gleich zu Beginn sagen: „Ich freue mich darauf, diese Themen mit Ihnen *gemeinsam* zu bearbeiten". Heben Sie im Seminar die Gemeinsamkeiten hervor und machen Sie Angebote, bei denen er seine Kompetenz einbringen kann.

Der Dauerredner

Was er tut: Es gibt sie in fast in jeder Gruppe: Menschen, die, wenn sie einmal angefangen haben zu reden, nicht mehr aufhören, ohne Punkt, Komma und Pause.

Was er will: Aufmerksamkeit! Möglicherweise handelt es sich hier um Teilnehmende, die sonst wenig Gelegenheit haben, mit anderen zu reden oder ihre Meinung zu sagen.

Was Sie tun können: Versuchen Sie den Redefluss respektvoll und höflich zu unterbrechen. Das geht am besten, indem Sie den Dauerredner persönlich, mit seinem Namen, ansprechen. Dadurch erreichen Sie eine erste, schnelle Unterbrechung. Weisen Sie ruhig auch auf die begrenzte Zeit hin, denn oftmals ist es den Teilnehmenden nicht bewusst, dass sie so viel Raum und Zeit einnehmen.

Der Bewunderer

Was er tut: Er überhäuft Sie mit Komplimenten und ist davon überzeugt, dass nur Sie den richtigen Weg kennen. Auf den ersten Blick ist das angenehm. Bei genauerem Betrachten birgt sein Verhalten jedoch auch Risiken, denn der Teilnehmende übernimmt keine Selbstverantwortung und vermeidet mit der Idealisierung auch eine partnerschaftliche Begegnung auf Augenhöhe.

Was er will: Er sucht nach dem „Über-Trainer", dem Allwissenden, dem Ideal.

Was Sie tun können: Auch wenn es verlockend ist, verfallen Sie dem Bewunderer nicht. Würdigen Sie auch andere Vorgehensweisen und/oder verweisen Sie auf die Stärken und Ressourcen des Teilnehmenden. Zu viele Schmeicheleien können Sie auch einfach ignorieren.

Wenn Chefs zum Problem werden

Bei manchen Seminaren und Workshops besteht die Gruppe der Teilnehmenden aus Mitarbeitenden und deren Vorgesetzten. Diese Konstellation kann zur Herausforderung für den Trainer oder den Moderator werden.

Ist der eigene Chef dabei, verhalten sich viele Teilnehmende anders, als sie dies ohne dessen Anwesenheit tun würden. Ob dem so ist, hängt einerseits von der Unternehmenskultur und andererseits von der Stimmung im Unternehmen ab, aber auch das Thema spielt eine Rolle. Schwierig wird es auch, wenn der Vorgesetzte immer wieder eingreifen will und – nicht abgesprochen – Moderationsaufgaben übernimmt. Ebenso problematisch für Trainer oder Moderatoren kann es sein, wenn der Vorgesetzte Kenntnisse zu bestimmten Sachverhalten hat, die er (noch) nicht preisgeben kann oder will.

Damit der Workshop bzw. das Seminar erfolgreich sein kann, ist es wichtig, solche Situationen bereits vor dem Seminar mit dem Auftraggeber zu klären und zu Beginn der Veranstaltung gegenüber den Teilnehmenden anzusprechen. Wählen Sie Vorgehensweisen, die eine sinnvolle und erfolgreiche Zusammenarbeit ermöglichen und binden Sie die Teilnehmenden in den Lösungsprozess aktiv mit ein.

Beispiel:

Bei Arbeit in Kleingruppen sollten Sie bewusst entscheiden, inwieweit es Sinn macht, wenn der Vorgesetzte mitarbeitet. Vielleicht ist es besser, wenn er eine andere Aufgabenstellung bekommt. Eine andere Möglichkeit ist es auch, dass der Chef später hinzukommt oder früher geht, so dass für die Teilnehmenden geschützte Freiräume entstehen, in denen sie sich ausprobieren und/oder aussprechen können.

Sollte sich der Vorgesetzte nicht an die Vereinbarungen halten, stellen Sie ihn auf keinen Fall vor der Gruppe bloß. Sprechen Sie ihn stattdessen in der Pause unter vier Augen darauf an.

Manchmal, wenn die Situation es zulässt, hilft auch einfach eine Prise Humor: „ Herr ..., Sie haben mich engagiert, um den Tag heute zu moderieren. Wenn Sie mich lassen, würde ich diese Aufgabe gerne auch weiterhin wahrnehmen."

Schwierige Gruppen

In Gruppen herrschen ganz eigene Dynamiken. So kommt es häufiger vor, dass es mehrere Teilnehmende sind, die einem Trainer Schwierigkeiten bereiten.

Die Teilnehmenden stehen in Konkurrenz zueinander

Stehen Teilnehmende zueinander in Konkurrenz, kann es für den Trainer schwierig werden. Schließlich geht es im Seminar, Training oder im Workshop darum, gemeinsam Themen zu erarbeiten. In einem Konkurrenzverhältnis kann dies unter Umständen hinderlich sein. Allerdings ist eine solche Situation nicht unlösbar.

Es kann dann hilfreich sein, das Thema direkt anzusprechen.

Beispiel:

„Ich habe erfahren, dass Sie beide, Frau ... und Herr ..., sich jeweils auf die Position des Teamleiters beworben haben und dass dies auch im Team bekannt ist. Danke, dass Sie mich an dieser Stelle darüber informiert haben und Sie so offen damit umgehen können."

Die Kompetenzen der Gruppe aktiv einzubinden, ist ein weiteres Instrument, das sich gut eignet, um mit solchen Situationen umzugehen. Diese können Sie z. B. durch eine Feedbackrunde unterstützen.

Die Gruppe will nicht mitarbeiten

Das Horrorszenario jedes Trainers: Niemand antwortet auf Ihre Fragen, Sie blicken in gelangweilte Gesichter oder stoßen sogar auf offene Ablehnung. Solche Situationen entstehen z. B., wenn die Teilnehmenden das Seminar oder den Workshop unfreiwillig besuchen oder wenn sie das Ziel als nicht sinnvoll oder als unangemessen bewerten.

Eine schwierige Situation, ja, aber keine unlösbare. Es gilt, die Teilnehmenden mit ins Boot zu holen. Erarbeiten Sie mit ihnen, wie gemeinsame Arbeit aussehen sollte, damit diese aus ihrer Sicht funktionieren könnte. Durch das Ansprechen und die Auseinandersetzung mit den Teilnehmenden ist es möglich, alle an Bord zu bekommen und trotz Widerständen eine konstruktive Zusammenarbeit zu ermöglichen.

Beispiel:

Alle Bemühungen eines Trainers in einer Arbeitsintegrationsmaßnahme waren vergeblich; die Teilnehmenden wollten einfach nicht mitmachen. Der Trainer sprach die Störung an, indem er sagte: „Ich weiß, dass Sie hier nicht freiwillig sitzen, und sehr wahrscheinlich würden Sie jetzt lieber etwas anderes machen. Aber da Sie hier sein müssen, können wir auch zusammen überlegen, wie wir die Zeit sinnvoll nutzen können."

Wenn Sie beleidigt werden

Zum Glück kommt es nicht so oft vor, dass Teilnehmende ausfallend werden. Sollten Sie dennoch einmal in eine solche Situation kommen, geht es erst einmal darum zu verstehen, warum Ihr Gegenüber so heftig reagiert. Es kann viele Gründe geben, warum jemand beleidigend wird. Sie müssen mit Ihnen gar nichts zu tun haben. Bewerten Sie die Situation daher nicht sofort. Bemühen Sie sich darum, sie aus einer möglichst neutralen und respektvollen Haltung heraus zu betrachten.

Beispiel:

„Herr Müller, was ist denn los?", oder: „Was hat Sie denn so verärgert, dass Sie so mit mir sprechen?"

Wenn Sie merken, dass Sie die Situation nicht schnell lösen können, verschieben Sie die Aussprache in die Pause oder die Zeit nach dem Seminar. Hin und wieder ist es jedoch auch erforderlich, dass Sie gleich klare Grenzen setzen und verdeutlichen, dass Sie auf gegenseitigen Respekt großen Wert legen. Das ist immer dann der Fall, wenn die Arbeitsfähigkeit der Gruppe gefährdet ist, z. B. wenn ein persönlicher Konflikt oder aber das Geltungsbedürfnis eines Einzelnen den Gesamtablauf stört.

Wenn Ihre Vorgehensweise auf Ablehnung stößt

Kritik ist grundsätzlich immer positiv, auch wenn sie auf den ersten Blick sehr negativ daherkommen mag. Nehmen Sie Vorbehalte der Teilnehmenden gegen Ihre Vorgehensweise also ernst und wischen Sie sie nicht unüberlegt zur Seite. Vermutlich haben die Teilnehmenden wirklich gute Gründe, bestimmte Vorgehensweisen abzulehnen. Und vielleicht haben sie auch einen guten Vorschlag für eine Alternative. Viele

Wege führen nach Rom. Vielleicht finden Sie auch selbst eine kleine Modifizierung, damit die Teilnehmenden gut mitarbeiten können.

Manchmal haben Sie jedoch auch gute Gründe, eine bestimmte Vorgehenswiese beizubehalten. Erklären Sie in diesem Fall den Sinn und Zweck Ihrer Methoden. Vermutlich werden die Teilnehmenden dann auch wieder mitmachen.

Beispiel:

Ein Trainer kommt neu in ein Unternehmen. Sehr schnell bemerkt er, dass die Teilnehmenden nicht gerne mit Kärtchen arbeiten. Statt nun einfach ungeachtet der dadurch entstehenden Störungen weiterzumachen, fragt er nach und erfährt, dass die Teilnehmenden seit Jahren immer wieder zu Kartenabfragen verpflichtet worden sind. Sie sind dieser Methode also schlicht und einfach überdrüssig.

In Fällen wie diesen ist es gut, die Methode zu wechseln und, nur wenn es gar nicht anders geht, die kritisierte Vorgehensweise einzusetzen – selbstverständlich dann mit Begründung.

Beispiel:

„Ich weiß, dass Sie von Kartenabfragen nicht begeistert sind, doch in diesem Fall ist es eine sinnvolle Methode, und ich erkläre Ihnen auch warum …"

Keine Angst vor eigenen Fehlern

Störungen gehen nicht immer nur von Teilnehmenden aus. Manchmal kommt es auch vor, dass der Trainer selbst für Probleme im Seminar verantwortlich ist.

Beispiel:

Sie selbst sind für eine Störung verantwortlich, wenn Sie zu leise oder zu monoton sprechen, in einen unverständlichen Dialekt fallen oder zu viele Fachbegriffe verwenden. Oder wenn Sie im Businessdress in ein Unternehmen kommen, in dem man sich leger kleidet und in dem auch der Chef Jeans und T-Shirt trägt.

Auch wenn diese Störungen nicht angesprochen werden, ist mit großer Sicherheit eine Mehrzahl der Teilnehmenden damit beschäftigt, sich darüber Gedanken zu machen, anstatt den Inhalten zu folgen. Um die Aufmerksamkeit der Teilnehmenden wieder auf das Thema zurückzubringen, sind Sie gefordert: Sprechen Sie diese Störungen aktiv an. Oft hilft hier eine gute Prise Humor und die Fähigkeit, über sich selbst lächeln zu können.

Neben diesen Äußerlichkeiten hat Ihre eigene Verfassung eine Auswirkung auf die Lernatmosphäre und den Kontakt zu den Teilnehmenden.

Beispiel:

Wenn Sie während eines Seminars noch von den Nachwirkungen einer starken Erkältung geplagt sind, sollten Sie Ihren Gesundheitszustand ruhig ansprechen. Dann müssen die Teilnehmenden keine Zeit mit Spekulationen über Ihre geröteten, geschwollenen Augen vergeuden.

Wie Sie Ihre Nervosität in den Griff bekommen

Wohl jeder Trainer hat im Lauf seiner Karriere schon einmal unter ihnen gelitten bzw. wird immer wieder von ihnen befallen: den Auftrittsängsten. Das ist ganz normal und zeigt vor allem dass Sie Ihre Aufgabe ernst nehmen und gut machen wollen. Selbst sehr erfahrene Trainer sind immer einmal wieder von diesen Ängsten und Befürchtungen geplagt.

Auftrittsängste sind in unserer Kultur weit verbreitet und treten häufiger auf als z. B. Höhenangst oder die Angst vor Spinnen und Tieren. Oft ist mangelnde Erfahrung die Hauptursache für Nervosität und Angst vor einem Seminar oder Workshop.

Blackout

Uns allen ist das schon einmal passiert: Mitten im Satz geht es plötzlich nicht weiter. Die logische Gedankenfolge, die eben noch so glasklar vor unserem inneren Auge zu sehen war, ist weg, stattdessen herrscht gähnende Leere in unserem Kopf.

Unser Gehirn arbeitet optimal bei einem mittleren Erregungszustand, das heißt, wenn Sie nicht angespannt, aber auch nicht zu gelangweilt sind. Bei großer Anspannung kann es passieren, dass die Informationsübertragung zwischen den Nervenzellen blockiert wird. Dann kommt es zum gefürchteten Blackout, der Leere im Kopf. Hier finden Sie ein paar Tipps zum Umgang mit Blackout, die sich in der Trainerpraxis bewährt haben.

- Tipp 1: Nutzen Sie Karteikarten mit Stichworten statt vorgefertigter Texte, dann sind Sie deutlich flexibler. Eine alte Rhetorikweisheit lautet: „Arbeite gelassen mit Stichwörtern und deine Wörter lassen dich nicht im Stich."
- Tipp 2: Stress erzeugt Adrenalin, das am besten über Bewegung abgebaut wird. Bewegung ist deswegen ein gutes Mittel, um Stress entgegenzuwirken. Gehen Sie auf und ab, stehen Sie auf und atmen Sie ein paar Male ganz bewusst ein und dann lange wieder aus. Sie werden sehen, dass Sie gleich wieder gelassener werden.

Wer entspannt ist, kann keine Angst empfinden. Wer Entspannungstechniken beherrscht, ist also klar im Vorteil.

- Tipp 3: Fassen Sie bereits erwähnte Fakten kurz zusammen und/oder wiederholen Sie das bisher Gesagte stichpunktartig. Das kann Ihnen helfen, den vergessenen Sinnzusammenhang wieder herzustellen. Außerdem unterstützt es die Teilnehmenden dabei, Ihrem roten Faden zu folgen und die Inhalte zu vertiefen.
- Tipp 4: Verschaffen Sie sich eine Pause. Regen Sie eine Diskussion an oder stellen Sie eine Frage und geben Sie so dem Publikum die Möglichkeit, seine Meinung zu äußern. Lassen Sie z. B. Ihr Publikum jeweils zu zweit oder in Kleingruppen für einige Minuten eine zentrale These diskutieren. So gewinnen Sie Zeit und können dann mit Hilfe der Statements der Teilnehmenden den Faden wieder aufnehmen.

- Tipp 5: Nehmen Sie Ihren Blackout mit Humor und lassen Sie die Teilnehmer daran teilhaben. Das lockert die Situation auf und die Spannung baut sich ab. Oft geht es dann sogar beschwingter weiter.
- Tipp 6: Haben Sie Mut zu einer Planänderung, wenn das Vergessene Ihnen absolut nicht mehr einfällt. Führen Sie sich vor Augen, dass Sie in der Regel die einzige Person im Seminar sind, die weiß, wie der nächste Handlungs- oder Informationsschritt in Ihrem Seminar oder Workshop geplant war.

Lampenfieber

Vor einer Gruppe zu sprechen kann sehr aufregend sein. Wohl jeder Trainer war schon einmal von Lampenfieber befallen – vor allem zu Beginn oder während eines neuen oder wichtigen Seminars oder Workshops. Meistens taucht es dann auf, wenn wir eine Situation noch nicht so gut kennen. Im Lauf der Zeit, wenn wir schon öfters in einer vergleichbaren Situation waren, und mit ein wenig Routine lässt es in der Regel bald nach.

> Lampenfieber ist ein Kompliment an die Teilnehmenden, zeigt es doch, dass wir unsere Aufgabe sehr ernst nehmen und sie besonders gut machen wollen.

Wenn wir spüren, dass wir aufgeregt sind, produziert unser Körper vermehrt Adrenalin. Das kann sich ungewohnt und auch unangenehm anfühlen, macht uns jedoch auch wach und konzentriert. Lampenfieber gehört also dazu und unterstützt uns dabei, uns gut vorzubereiten und immer besser zu werden. Manchmal ist die Auftrittsangst jedoch so stark, dass sie Sie daran hindert, Ihr ganzes Potenzial zu entfalten. Dann sollten Sie etwas dagegen tun.

Lampenfieber zeigt sich bei Menschen sehr unterschiedlich. Manche bekommen rote Flecken im Gesicht oder am Hals, andere haben einen trockenen Mund oder fangen an zu stottern. Auch feuchte Hände oder weiche Knie können Symptome von Lampenfieber sein. So unterschiedlich wir Menschen auf die Aufregung bei einem Auftritt reagieren, so unterschiedliche sind die Kniffe und Mittel, die gegen Auftrittsängste helfen. Finden Sie Ihren ganz persönlichen und individuellen Weg, mit Lampenfieber freundlich umzugehen. Die folgenden Anregungen helfen Ihnen dabei.

- Tipp 1: Bereiten Sie sich inhaltlich gut vor. Eine solche Vorbereitung ist die halbe Miete. Je vertrauter und sicherer Sie mit den Inhalten sind, umso weniger Angst brauchen Sie davor zu haben etwas zu vergessen.
- Tipp 2: Gehen Sie in Kontakt! Wenn Sie das Gefühl haben, vor „vertrauten" Menschen zu stehen und nicht etwa vor komplett Fremden, wird sich Ihre Aufregung bald legen. Betreiben Sie dazu vor Beginn der Veranstaltung schon ein wenig Small Talk mit den Teilnehmenden.
- Tipp 3: Glauben Sie daran, dass alles gut wird. Wenn Sie sich selbst mit negativen Gedanken klein machen, wundert es nicht, wenn Sie immer aufgeregter werden. Reden Sie sich stattdessen doch selbst gut zu. Glauben Sie an Ihren Erfolg.
- Tipp 4: Stellen Sie sich ein Glas stilles Wasser bereit. Vom Reden bekommt man schnell einen trockenen Mund. Ein

Schluck Wasser beruhigt und verschafft Ihnen zusätzlich eine kleine Pause.

- Tipp 5: Beobachten Sie sich aus der Perspektive der Teilnehmer. Meistens nehmen wir selbst die Anzeichen des Lampenfiebers viel stärker wahr als die Teilnehmer. Auf diese wirkt der Trainer oft sehr viel ruhiger, als er sich innerlich fühlt.
- Tipp 6: Akzeptieren Sie Ihr Lampenfieber und kämpfen Sie nicht dagegen an. Das ist der wohl wichtigste Ratschlag gegen die Auftrittsangst. Wenn Sie sie bekämpfen, wird sich vermutlich Ihre Aufregung nur noch verschlimmern.

10 Wege, um Störungen gut zu meistern

1 Jede Störung hat einen guten Grund. Irgendetwas will dann wahrgenommen, verändert, entschieden oder verabschiedet werden. Wenn also etwas schiefläuft, werfen Sie nicht gleich die Flinte ins Korn. Versuchen Sie erst einmal zu verstehen, worum es *wirklich* geht, indem Sie nachfragen.

2 Nehmen Sie sich selbst gegenüber eine freundliche und wohlwollende Haltung ein. Nicht alles muss perfekt sein. Und auch Trainerinnen wissen nicht alles, auch die besten nicht. Es besteht also gar kein Grund, bei jedem Fehler streng mit sich ins Gericht zu gehen.

3 Gehen Sie in die Offensive! Einwände, die Sie von Seiten der Teilnehmenden erwarten, können Sie zu Beginn von sich aus ansprechen. Das nimmt Kritikern den Wind aus den Segeln.

Beispiel:

Stellen Sie gleich zu Beginn eines Rhetorikseminars, in dem die Teilnehmenden viel ausprobieren und üben sollen, klar, dass niemand zu einer Übung genötigt oder gezwungen werden wird. Das nimmt von Anfang an den Druck von eher zurückhaltenderen Teilnehmern.

4 Begreifen Sie Fehler als Chance zu lernen! Aus Fehlern lässt sich besser lernen als aus Erfolgen. Dies gilt auch für Trainerinnen und Moderatoren. Wenn wirklich einmal etwas danebengeht, ist das eine gute Gelegenheit, dazuzulernen und es das nächste Mal besser zu machen. Außerdem sind Sie dann um eine wichtige Erfahrung reicher.

5 Was gut vorbereitet ist, geht seltener schief. Eine gute Vorbereitung ist das A und O für eine erfolgreiche Veranstaltung. Je vertrauter Sie mit den Inhalten Ihres Seminars sind, umso entspannter und selbstbewusster können Sie arbeiten und desto weniger wirft Sie aus der Bahn.

6 Übung macht den Meister! Es hat sich vor allem bei neuen Seminaren oder sehr wichtigen Workshops bewährt, mindestens einmal mit einem Testpublikum zu üben. Das kann sich aus Kollegen, aber auch Freunden oder Familienmitgliedern zusammensetzen, die Ihnen ein gezieltes und ehrliches Feedback geben.

7 Vereinbaren Sie von Anfang an klare Spielregeln! Spielregeln, die mit den Teilnehmenden abgestimmt sind, helfen dabei, Konflikte zu vermeiden.

8 Fokussieren Sie die Gruppe auf die Ziele! Je klarer die Seminar- oder Workshop-Ziele formuliert und mit den Teilnehmenden kommuniziert sind, desto leichter können Sie die Veranstaltung moderieren und durchführen.

9 Seien Sie frühzeitig da, damit Sie genügend Zeit haben, alle wichtigen Dinge vorzubereiten und noch einmal gut durch zu atmen. Planen Sie Ihre Zeit großzügig, denn auch der eine oder andere Teilnehmende wird früher da sein und dann sollten Sie Zeit für ihn haben.

10 Bitten Sie die Teilnehmenden am Ende generell um Feedback. Was ihnen gut gefallen hat und welche Tipps sie Ihnen für die nächste Veranstaltung geben.

Auf einen Blick: Souverän bleiben

- Schwierige Situationen gibt es auch im besten Seminar. Sie zu ignorieren, ist keine gute Idee. Am besten meistern Sie sie mit einer respektvollen und neutralen Haltung. Zudem hilft oft ein Perspektivenwechsel, mit dem alles gleich in einem anderen Licht erscheint.
- Als Trainer lernt man die unterschiedlichsten Charaktere kennen. Bestimmte Typen begegnen einem jedoch in Seminaren und Workshops immer wieder, z. B. der Dauerredner oder der Kritiker. Es gilt hier, ihre Eigenarten zu kennen und sinnvoll in die Veranstaltung zu integrieren.
- Gehen Sie davon aus, dass schwierige Situationen, aus Sicht der Beteiligten, immer aus einem guten Grund heraus entstehen. Ausgehend von dieser Haltung gilt es dann erst einmal durch freundliches Nachfragen zu verstehen, worum es (wirklich) geht.
- Um einen Streit schlichten zu können, sollten Sie immer unparteiisch sein. Sie geraten sonst schnell selbst in den Konflikt hinein. Hören Sie sich ruhig und geduldig die verschiedenen Standpunkte an und versuchen Sie gemeinsam mit allen Beteiligten eine Lösung zu finden, die für alle annehmbar ist.

Neuer Inhalt für Ihren Methodenkoffer

Jeder erfahrene Trainer kann sie bei Bedarf aus dem Ärmel schütteln: praxiserprobte Techniken, die spontan einsetzbar sind, weniger Hilfsmittel bedürfen und dabei viel Wirkung zeigen.

In diesem Kapitel finden Sie bewährte Spiele und Übungen für Ihren Methodenkoffer,

- die einen schönen Einstieg in die Veranstaltung schaffen,
- die mehr Kreativität in Workshop und Seminar bringen,
- die für die Gruppenbildung eingesetzt werden können,
- die müde Teilnehmer wieder munter machen.

Methoden für die Anfangs- und Abschlussphase

Skalierungsfrage

Dauer: 20 Minuten
Anzahl der Teilnehmenden: max. 20
Hilfsmittel: kleine, runde Moderationskarten, Stifte

Beschreibung

Jeder bekommt eine kleine runde Moderationskarte. Die Teilnehmenden werden gebeten, als Antwort auf die nun folgende Frage eine Zahl zwischen 0 und 10 auf die Karte zu schreiben, wobei 10 der beste Wert ist.

Der Trainer stellt z. B. folgende Fragen:

- Wie gut geht es Ihnen?
- Wie motiviert sind Sie heute im Hinblick auf das Thema?
- Wie erfahren sind Sie im Hinblick auf das Thema?
- Wie zufrieden sind Sie mit dem Produkt?

Die Teilnehmenden zeigen dann nacheinander ihre Zahl und begründen sie. Der Trainer notiert die Ergebnisse in einer Tabelle, die so gestaltet sein kann:

Frage: Wie gut geht es Ihnen heute?	
Teilnehmer	**Punkte**
Müller	10
Meier	2
...	...

Wirkung

Mithilfe dieser Skalierungsmethode erhalten Sie messbare und vergleichbare Ergebnisse, insbesondere wenn Sie zu einem späteren Zeitpunkt dieselbe Frage noch einmal stellen.

Sie können die Methode auch dazu nutzen, um in ein Thema einzusteigen: Stellen Sie nach der Skalierungsfrage weitere Vertiefungsfragen, erhalten Sie immer detailliertere Aussagen zu einem Thema.

Beispiel:

Wie zufrieden sind Sie mit Ihrer Zahl? Seit wann ist das so? Welche Zahl würden Sie gerne auf Ihrer Karte stehen haben?

Die persönliche Wetterlage

Dauer: 15 Minuten
Anzahl der Teilnehmenden: max. 20
Hilfsmittel: evt. Moderationskarten

Beschreibung

Die Teilnehmenden beschreiben ihre aktuelle Stimmung anhand einer Wetterlage. Zum Einstieg in diese Methode können Sie Bezug auf das reale Wetter nehmen.

Beispiel:

„Heute haben wir ja einen wunderbaren sonnigen Tag. Das muss jedoch nicht bedeuten, dass Ihre persönliche Wetterlage auch so sonnig und heiter ist. Wie geht es Ihnen heute Morgen? Ist es in Ihnen eher sonnig, neblig, wolkig oder regieren Blitz und Donner mit starken Sturmböen?"

Sie können die Teilnehmenden die persönliche Wetterlage auch auf Moderationskarten skizzieren lassen. Darauf lassen sich selbst diejenigen ein, die nicht gerne zeichnen.

Wirkung

Mithilfe dieses kleinen Spiels gelingt es Ihnen, etwas mehr über die Stimmung der Teilnehmenden zu erfahren. Die Wettermetaphern machen es eher verschlossenen Teilnehmern leichter, ihre Gefühle auszudrücken.

Metapher finden

Dauer: 15 Minuten

Anzahl der Teilnehmenden: max. 15

Hilfsmittel: Bilder oder Postkarten, die unterschiedlichste Stimmungen ausdrücken

Beschreibung

Legen Sie die Postkarten oder Bilder jeweils gut sichtbar nebeneinander auf einem Tisch aus. Stellen Sie eine Frage, z. B.:

- Wie geht es Ihnen jetzt, zu diesem Zeitpunkt?
- Wo stehen Sie gerade?
- Wo wollen Sie hin?

Geben Sie den Teilnehmenden dann ein bis zwei Minuten Zeit, um sich eine Postkarte, ein Bild auszusuchen, das als Metapher am ehesten eine Antwort auf die Frage geben kann.

Anschließend bitten Sie sie ihre Auswahl der Gruppe vorzustellen und kurz zu begründen.

> Achten Sie darauf, möglichst verschiedene Metaphern anzubieten, so dass die Teilnehmenden eine gute Auswahl haben, welche am besten zu ihnen passt. Sie können statt Bildern auch Früchte aus der Natur einsetzen, Spielsachen etc. Ihrer Phantasie sind dabei keine Grenzen gesetzt.

Wirkung

Mithilfe der Metaphermethode erfahren Sie viel über die Gefühle der Teilnehmenden. Die Metaphern machen es eher verschlossenen Teilnehmern leichter, ihre Gefühle auszudrücken.

3-2-1

Dauer: 20 Minuten
Anzahl der Teilnehmenden: max. 12
Hilfsmittel: vorbereitetes Plakat

Beschreibung

Schreiben Sie auf ein Plakat gut lesbar drei Punkte, zu denen Sie sich von den Teilnehmenden in der Vorstellungsrunde Informationen wünschen.

Beispiel:

3 Aufgaben, die ich mag
2 Tätigkeiten, auf die ich verzichten könnte
1 Frage, die ich mitbringe
Oder:
3 Stärken, die ich im Hinblick auf das Thema habe
2 Schwächen, die ich optimieren möchte
1 Wunsch, den ich habe

Die Teilnehmer können ihre Infos zu den Punkten auf Karten schreiben, die dann auf das Plakat geheftet werden.

Wirkung

Dieses 3-2-1-Spiel macht Spaß und fördert oft erstaunliche Informationen über die Teilnehmenden zu Tage. Die Runde lernt sich so besser kennen und Sie können während des Seminars immer wieder Bezug auf die Ergebnisse nehmen.

Der Promi-Traum

Dauer: 25 Minuten
Anzahl der Teilnehmenden: max. 10

Beschreibung

Laden Sie die Teilnehmenden zu folgendem kleinen Gedankenspiel ein:

„Sie sind über Nacht berühmt geworden und werden nun von Paparazzi verfolgt. Ein Papparazzo erwischt und fotografiert Sie in einer typischen Situation. Welche Situation ist das? Bitte beschreiben Sie das Foto möglichst genau. Was ist darauf konkret zu sehen?"

Wirkung

Dieses Spiel macht Spaß und lockert die am Anfang eines Seminars oft sehr angespannte Atmosphäre auf. Zudem bringt es wertvolle Erkenntnisse darüber, wie die einzelnen Teilnehmenden sich selbst sehen.

Der sprechende Kalender

Dauer: 20 Minuten

Anzahl der Teilnehmenden: max. 20

Beschreibung

Der Trainer fordert die Teilnehmenden dazu auf, sich aus der Perspektive ihres Kalenders vorzustellen.

Beispiel:

"Wenn Ihr Kalender sprechen könnte, was würde er jetzt über Sie erzählen? Er könnte z. B. Folgendes sagen:

Meistens triffst sie sich in der Mittagspause mit ihren Kolleginnen; außer freitags, da erledigt sie noch schnell den Wochenendeinkauf.

Außerdem trennt sie säuberlich ihre privaten und geschäftlichen Termine und legt Wert darauf, Projekte immer eine Woche vor der Deadline fertig zu haben ..."

Wirkung

Diese ungewohnte Art der Vorstellung lockert die Atmosphäre zu Beginn eines Seminares auf. Die Übung ist vor allem dann gut geeignet, wenn sie die Teilnehmenden schon gut kennen, z. B., weil es sich um Ihre Kollegen handelt. Durch den Perspektivenwechsel entdecken Sie garantiert neue und überraschende Seiten an ihnen.

Perspektive wechseln

Dauer: 20 Minuten

Anzahl der Teilnehmenden: max. 10

Beschreibung

Der Trainer fordert die Teilnehmenden auf, sich aus der Sicht einer anderen Person vorzustellen, so z. B. aus der Perspektive eines Kollegen, der Chefin, des Kunden, der Mitarbeiterin etc.

Beispiel:

„Mal angenommen, Ihr Kunde wäre jetzt hier und hätte die Aufgabe Sie vorzustellen. Wie würde er das tun? Was würde er über Sie sagen/erzählen?"

Wirkung

Der Perspektivenwechsel ist oft begleitet durch viele Ahs und Ohs der Teilnehmenden. Er macht es möglich, dass sie einmal über den Tellerrand schauen. Zudem können Sie als Trainer mithilfe dieser Methode besser erkennen, wie ein Teilnehmender über andere und über sich denkt.

Zu einem Ende bringen

Dauer: 20 Minuten
Anzahl der Teilnehmenden: max. 20
Hilfsmittel: vorbereitete Arbeitsblätter

Beschreibung

Teilen Sie Arbeitsblätter aus, auf denen vorgefertigte Halbsätze notiert sind, so z. B.:

- Er/sie ist ein Mensch, der ...
- Wenn man sie/ihn näher kennt, dann ...
- Wenn sie/er sich mal trauen würde ...
- Es macht sie/ihn wahnsinnig, wenn ...
- Ihr/ihm ist wichtig, dass ...
- Das hat sie/er erreicht: ...
- Das will sie/er erreichen: ...
- Sie/er ist stolz auf ...

Bitten Sie die Teilnehmenden, die Sätze um den fehlenden Halbsatz zu ergänzen und sich so der Runde vorzustellen.

Sie können auch eine Partnerübung daraus machen.

Ein Muster für solch ein Arbeitsblatt finden Sie zum Download auf der „Arbeitshilfen online"-Seite zu diesem TaschenGuide, in der Rubrik „Kommunikation & Soft Skills" (www.haufe.de/arbeitshilfen; Buchcode TGA-HL12).

Wirkung

Sie erfahren dank der gezielten Fragen in kurzer Zeit viel Wesentliches über die Teilnehmenden.

Hallo Liebling!

Dauer: 15 Minuten
Anzahl der Teilnehmenden: max. 20

Beschreibung

Wenn Sie das Spiel zum Anfang einer Veranstaltung einsetzen, sagen Sie zu den Teilnehmenden:

„Stellen Sie sich vor, Sie sitzen noch am Küchentisch und frühstücken mit Ihrer bzw. Ihrem Liebsten. Sie bzw. er fragt Sie: ?Na Liebling, was machst du denn heute für ein Seminar, und was lernst du denn da?' Was antworten Sie?"

Bitten Sie die Teilnehmer die Antworten zu notieren und sie dann in der Runde vorzustellen.

Sie können die Übung auch am Ende des Seminars einsetzen. Sagen Sie dann Folgendes zu den Teilnehmenden:

„Stellen Sie sich vor, Sie sitzen heute Abend zuhause am Esstisch und erzählen Ihrem Partner bzw. Ihrer Partnerin vom Seminar. Er oder sie fragt Sie: ?Na Liebling, wie war's? Hattest du ein tolles Seminar? Erzähl doch mal, was habt ihr gelernt?` Was würden Sie antworten?"

Sie können natürlich statt des Partners auch das Kind, den Chef, die Bäckersfrau fragen lassen.

Wirkung

Mithilfe dieses Spiels erfahren Sie mehr über die Erwartungen der Teilnehmenden an das Seminar.

Die drei Freuden

Dauer: 15 Minuten
Anzahl der Teilnehmenden: max. 20

Beschreibung

Die Teilnehmenden sollen der Reihe nach zum Einstieg in die Veranstaltung drei schöne Dinge benennen. Der Trainer gibt die Richtung vor, z. B.:

1. Dinge, über die ich mich heute schon gefreut habe
2. Dinge, für die ich dankbar bin
3. Dinge, auf die ich stolz bin

Wirkung

Bei dieser Übung wird der Fokus bewusst auf die Stärken und Ressourcen der Teilnehmenden gelenkt. Das wirkt sich förderlich auf die Stimmung in der Gruppe aus.

Rezept für sich selbst

Dauer: 30 Minuten

Anzahl der Teilnehmenden: max. 15

Beschreibung

Die Teilnehmenden werden am Ende eines Trainings gebeten Antworten auf die folgende Frage zu notieren und dann in der Runde vorzustellen:

"Angenommen, Sie sind Ihr eigener Arzt. Welches Rezept würden Sie sich im Hinblick auf das Thema ausstellen?

Geben Sie auf einem Plakat Orientierungspunkte vor, z. B.:

- Name des Medikaments: z. B. Anti-Stress
- Wirkung: z. B. totale Entspannung sofort und für 5 Minuten
- Nebenwirkung: z. B. geistige Abwesenheit
- Inhaltsstoffe: z. B. gute Musik, Spaziergang
- Einnahmeempfehlung: z. B. 3 × täglich und bei Bedarf

Diese Übung können Sie auch zu Beginn der Veranstaltung einsetzen. Fragen Sie dann nach einer persönlichen Diagnose im Hinblick auf das Thema.

Wirkung

Diese Aufgabe eignet sich hervorragend für ein Work-Life-Balance-Seminar oder für Seminare in heilenden und pflegenden Berufen oder auch der Pharmaindustrie etc. Selbstverständlich können Sie diese Übung aber auch bei anderen Themen oder Berufsgruppen einsetzen. Auch dort bringt sie Abwechslung, Spaß und eine neue Perspektiven in das Team oder die Gruppe.

Methoden für kreative Themenbearbeitung

ABC-Methode

Dauer: 15 bis 30 Minuten
Anzahl der Teilnehmenden: beliebig
Hilfsmittel: Plakat

Beschreibung

Formulieren Sie gemeinsam mit den Teilnehmenden eine Frage, die eine zentrale Rolle bei der Themenbearbeitung spielt. Beispiel: „Was können wir konkret tun, um neue Kunden zu finden?"

Schreiben Sie ganz oben auf das Plakat die Frage und dann darunter vertikal die Buchstaben des Alphabets. Nun bitten Sie die Teilnehmenden per Zuruf eine Idee zu benennen, die jeweils mit einem Buchstaben des Alphabets beginnt. Es darf auch gerne mit Humor sein.

Beispiel:

A – Angebote verbessern
B – Berater hinzuziehen
C – Coole Geschenke
D – Dauerwerbung
E – Empfehlungsmarketing

Variante

Die ABC-Methode können Sie auch einsetzen, um Themen zu wiederholen. Der Trainer fordert die Teilnehmenden dann auf: „Finden Sie zu jedem Buchstaben einen Begriff, der während der Veranstaltung im Zusammenhang mit dem Thema gefallen ist."

Wirkung

Dieses Spiel fordert den Ehrgeiz der Teilnehmenden heraus, macht Spaß und bringt neuen Schwung in eine müde Gruppe.

In Bewegung kommen

Dauer: je nach Aufgabe/Frage bis zu 60 Minuten
Anzahl der Teilnehmenden: beliebig
Hilfsmittel: Klemmbretter, Papiere und Stifte für unterwegs

Beschreibung

Der Trainer fordert die Teilnehmenden auf, in kleinen Gruppen draußen für 20 Minuten einen kleinen Spaziergang zu machen. Jede Kleingruppe bekommt ein Klemmbrett, Papier und Stifte mit auf den Weg und die Aufgabe, unterwegs drei Fragen zu beantworten. Sie können z. B. so lauten:

- Wie war es früher? Wie ist es heute? Wie soll es in Zukunft sein?
- Was spricht dafür? Was spricht dagegen? Was sind unsere Fragen?

Zurück im Raum stellen die Gruppen ihre Antworten auf die Fragen vor.

Wirkung

Vor allem bei schönem Wetter freuen sich die Teilnehmenden immer wieder über die Gelegenheit, beim Austausch in der Kleingruppe etwas frische Luft zu schnappen und in Bewegung zu kommen. Außerdem können sich alle nach dem Spaziergang wieder deutlich besser konzentrieren.

Vernissage

Dauer: 30 Minuten

Anzahl der Teilnehmenden: max. 20

Hilfsmittel: Plakate und Malstifte, z. B. Wachsmalkreiden, Kreppband oder Ähnliches zur Befestigung der Bilder

Beschreibung

Der Trainer fordert die Teilnehmenden dazu auf, in 15 Minuten ein Bild zum Thema zu malen, z. B. von ihrer Abteilung, vom Konflikt, von ihrem Leben in zehn Jahren etc. Wenn alle fertig sind, werden die Bilder wie in einer Ausstellung aufgehängt. Nun werden die Kunstwerke unter folgenden Aspekten von den Betrachtern kommentiert: Wie wirkt das Bild auf mich? Was fällt mir auf? Was vermute ich?

Varianten

Die Künstler stellen ihr Werk selbst der Gruppe vor, um ein Thema zu erläutern.

Die Teilnehmenden malen gemeinsam ein Bild.

Viele haben eine recht hohe Hemmschwelle, frei zu malen. Als Alternative zum eigenen Bild können Sie den Teilnehmenden auch anbieten, eine Collage anzufertigen. Halten Sie dazu Klebestifte und alte Kataloge oder Zeitschriften bereit, aus denen die Teilnehmenden dann Bilder ausschneiden und anordnen können.

Wirkung

Diese Übung fördert eine kreative Herangehensweise an ein Thema. Nach Phasen der konzentrierten Arbeit entspannt das Malen die Teilnehmer.

Was würde ... dazu sagen?

Dauer: ca. 30 Minuten
Anzahl der Teilnehmenden: max. 10

Beschreibung

Bei dieser Übung nehmen die Teilnehmenden verschiedene Rollen ein, die sie je nach Thema entweder frei wählen können, oder vom Trainer zugewiesen bekommen. Das Motto der Übung lautet: Was würden berühmte Persönlichkeiten und/oder Vorbilder wie beispielsweise Nelson Mandela, Steve Jobs oder Winston Churchill zum Thema sagen? Die Teilnehmenden stellen, nachdem die Rollen geklärt sind, einer nach dem anderen die Standpunkte ihrer Rollenvorbilder vor.

Variante

Um aus der Übung ein humorvolles Aktivierungsspiel zu machen, können Sie auch Fantasiefiguren wie Pippi Langstrumpf wählen.

Wirkung

Mit dieser Übung gelingt es, ein Thema aus verschiedenen Perspektiven zu betrachten. Sie bietet sich an, wenn sich die Themenbearbeitung zunehmend zäher gestaltet und die Konzentration immer mehr nachlässt.

Der Themenkreis

Dauer: je nach Gruppengröße 20 bis 30 Minuten
Anzahl der Teilnehmenden: max. 30
Vorbereitung: Halbsätze bzw. Statements notieren

Beschreibung

Die Teilnehmenden stellen sich in zwei Kreisen auf, in einem Innen- und Außenkreis, und zwar so, dass zwei Personen sich jeweils gegenüberstehen.

Der Trainer gibt den sich Gegenüberstehenden jeweils einen Halbsatz oder ein Statement zum jeweiligen Thema vor. Die Paare haben dann 3 bis 5 Minuten Zeit, um sich darüber zu unterhalten. Wenn die Zeit vorbei ist, gibt der Trainer ein Signal. Die Teilnehmenden im äußeren Kreis wechseln nun ihre Position im Uhrzeigersinn, so dass sie dem nächsten Teilnehmenden aus dem Innenkreis gegenüberstehen. Auf diese Weise bilden sich immer neue Paare, die wiederum miteinander über ein neues vom Trainer vorgegebenes Thema sprechen.

Beispiel:

Mögliche Themen, wenn es um Respekt geht:

Unter Respekt verstehe ich ...

Ich erlebe respektvolles Verhalten in folgenden Situationen ...

Ich empfinde es als respektlos, wenn ...

Wenn sich keine neuen Paare mehr bilden können, bietet sich die Gelegenheit, in der großen Runde über die Erfahrungen aus dem Fragenkreis zu sprechen.

Wirkung

Im permanenten Wechsel der Gesprächspartner erleben die Teilnehmenden, wie vielschichtig man ein Thema sehen kann. Das ermöglicht einen Perspektivenwechsel und öffnet für die Sichtweisen anderer.

Die Skulptur

Dauer: 20 bis 30 Minuten
Anzahl der Teilnehmenden: mind. 10 und max. 25
Hilfsmittel: Plakat

Beschreibung

„Der Körper lügt nicht", sagt ein kluges Sprichwort. Diese Weisheit macht sich die Übung zunutze. Die Teilnehmenden schließen sich zu Kleingruppen à 5 Personen zusammen. Dann erfolgt an jeweils eine Gruppe der Auftrag des Trainers: Sie sollen das Thema (Beispiel: „Unsere Haltung zum Thema Kundenorientierung") gemeinsam visualisieren, und zwar, indem sie mit ihren Köpern zusammen eine Skulptur bilden. Zur Vorbereitung haben sie dafür 5 Minuten Zeit. Die fertige Skulptur wird dann von den anderen Teilnehmenden beurteilt. Die „Skulpturenbildner" dürfen währenddessen nicht sprechen. Folgende Fragen können zur Auswertung dienen:

- Wie wirkt die Skulptur auf uns?
- Was fällt uns auf?
- Welche Assoziationen ruft die Skulptur bei uns hervor?

Der Trainer hält das Feedback der Teilnehmenden auf einem Plakat fest, um es im Anschluss, wenn alle Skulpturen aufgestellt waren, mit der gesamten Gruppe auszuwerten.

Wirkung

Diese Übung verrät, welche Einstellung die Teilnehmenden zu einem Thema haben. Zudem macht sie Müde munter, weil es Spaß macht, auf diese Weise kreativ zusammenzuwirken.

Top Five

Dauer: 20 Minuten
Anzahl der Teilnehmenden: max. 20

Beschreibung

Jeder Teilnehmende ist aufgefordert, die fünf schönsten, spektakulärsten und/oder erfolgreichsten Begebenheiten und/oder Erfahrungen zum Thema auf einem Notizblock festzuhalten. Wichtig ist, dass der Fokus auf positiven Erlebnissen und Ereignisse bleibt.

Beispiel:

Die 5 Produkt-Highlights im letzten Jahr
Die 5 besten Erlebnisse/Erfahrungen mit schwierigen Kunden
5 Projekte, auf die ich besonders stolz bin

Wenn alle ihre positiven Ereignisse gefunden haben, können diese noch gemeinsam priorisiert werden. Danach wird jeweils das Beste im Plenum der Gruppe gekürt.

Wirkung

Diese Übung lenkt die Gedanken der Teilnehmenden auf Positives. Sie bietet sich daher an, wenn sich die Gruppe in Negativem zu verlieren droht, z. B. in Schuldzuweisungen oder Konflikten.

Themeninseln

Dauer: 30 bis 60 Minuten
Anzahl der Teilnehmenden: max. 20
Hilfsmittel: Moderationswolken und Plakate

Beschreibung

Der Trainer notiert drei offene Fragen auf Moderationswolken und legt diese auf den Boden. Die Teilnehmenden stellen sich nun zu der Frage, die sie gerne bearbeiten und/oder besprechen möchten. Danach ziehen sich alle in ihre jeweilige Kleingruppe zurück, um die Frage zu diskutieren und zu bearbeiten. Dieser Schritt dauert je nach Thema 15 bis 30 Minuten.

Lassen Sie die Teilnehmenden die Ergebnisse bzw. den roten Faden ihrer Diskussion auf einem Plakat festhalten. Zum Schluss stellt jede Gruppe ihr Ergebnis im Plenum vor.

Wählen alle Teilnehmenden dieselbe Frage, sollten Sie gemeinsam mit ihnen entscheiden, wie Sie nun mit der Situation umgehen möchten. Eventuell sind die anderen Fragen nicht so wichtig und können als Thema weggelassen werden oder aber einzelne Teilnehmer entscheiden sich dann doch für eine andere Gruppe.

Wirkung

Mithilfe dieser Übung straffen Sie die Themenbearbeitung. Zusätzlich erreichen Sie eine höhere Motivation der Teilnehmenden, da sich diese frei entscheiden können, welches Thema sie bearbeiten.

Welches Bild darf es sein?

Dauer: 20 Minuten
Anzahl der Teilnehmenden: max. 12
Vorbereitung: ca. 30 Bildkarten, auf denen z. B. Sportarten, Berufe, Pflanzen, Tiere dargestellt sind

Beschreibung

Der Trainer legt die Bildkarten auf dem Boden aus. Dann stellt er eine Frage und bittet die Teilnehmer, sich als Antwort für eine Bildkarte zu entscheiden. Die Fragen können z. B. lauten:

- Welche Sportart entspricht am ehesten Ihrem Beratungsverständnis?
- Welchem Tier entspricht Ihre Tätigkeit am ehesten?

Anschließend präsentiert jeder Teilnehmende im Plenum seine Wahl. In einer kleinen Gruppe mit maximal 6 Teilnehmenden kann sich daran auch ein Feedback von der Gruppe und der Trainerin anschließen. Dann benötigen Sie jedoch deutlich mehr Zeit.

Wirkung

Die Metapher, die die Teilnehmenden wählen, verrät viel über die Einstellung und die Gefühle der Beteiligten.

Ein Kind wills wissen

Dauer: 20 Minuten
Anzahl der Teilnehmenden: max. 15

Beschreibung

Laden Sie die Teilnehmenden einzeln oder in Kleingruppen dazu ein, ein Thema so vorzustellen, dass es ein 5-jähriges Kind versteht.

Beispiel:

Warum braucht die Zielgruppe das Produkt XY?
Was macht ein Produktmanager den ganzen Tag?
Wie läuft der Prozess XY ab?

Wirkung

Vor allem bei komplexen Themengebieten ist es wichtig und hilfreich, die Inhalte deutlich zu vereinfachen, damit sie dadurch verständlicher werden. Mit dieser Übung erzielen Sie genau das – und zwar mit Leichtigkeit und Humor.

Methoden zur Gruppenbildung

Sweeties

Dauer: 3 Minuten
Anzahl der Teilnehmenden: max. 30
Hilfsmittel: kleine Schokoriegel bzw. Bonbons (je Gruppe eine Sorte bzw. Farbe)

Beschreibung

Um Gruppen zu bilden, können Sie auch einmal zu Süßigkeiten greifen. Bieten Sie den Teilnehmenden kleine, verpackte Schokoriegel oder Bonbons in einer Schale an, z. B. als kleine Stärkung zwischendurch. Wichtig ist, dass alle etwas Süßes nehmen. Diejenigen, die zur selben Sorte oder Farbe gegriffen haben, bilden eine Gruppe.

> Manchmal lehnen es Teilnehmende ab, sich zu bedienen. Bitten Sie sie dann, sich trotzdem einen Riegel zu nehmen, z. B. um ihn später weiter zu verschenken.

Wirkung

Kaum einer rechnet damit, dass eine Gruppe auf diese Weise gebildet wird. Dadurch entstehen überraschende und oft auch völlig neue Team- und Gruppenrelationen.

Gruppenpuzzle

Dauer: 2 Minuten
Anzahl der Teilnehmenden: max. 30
Hilfsmittel: zerschnittene Postkarten oder Moderationskarten

Beschreibung

Nehmen Sie pro Gruppe eine Post- oder Moderationskarte und schneiden Sie sie in Stücke. Die Anzahl der Stücke orientiert sich daran, wie viele Mitglieder eine Gruppe haben soll. Vermischen Sie nun alle so entstandenen Puzzleteile miteinander. Im Seminar bitten Sie die Teilnehmenden, jeweils ein Teil zu ziehen. Jetzt sind alle aufgefordert, sich mit denjenigen in einer Kleingruppe zusammenzutun, die ein Puzzleteil derselben Karte besitzen.

Wirkung

Bei diesem Spiel müssen die Teilnehmenden aufstehen und umherlaufen, um ihre Kleingruppe zu finden. Das wirkt aktivierend und bringt Bewegung in den Raum.

Gemeinsamkeiten verbinden

Dauer: 3 Minuten

Anzahl der Teilnehmenden: max. 20

Beschreibung

Benennen Sie ein Merkmal, das im Zusammenhang mit dem jeweiligen Thema sinnvoll ist und machen Sie es zum Kriterium bei der Gruppenfindung.

Fordern Sie z. B. die Teilnehmenden auf, sich nach dem Merkmal „gleiche Tätigkeit" in Kleingruppen zusammenzufinden. Weitere Merkmale können die Erfahrung, die Abteilung, das Alter oder aber auch die Sockenfarbe, die Haarfarbe oder der Geburtsmonat sein. Ihrer Fantasie sind dabei keine Grenzen gesetzt.

Variante: Die Teilnehmenden finden selbst eine Gemeinsamkeit.

Wirkung

Dieses Gruppenbildungsspiel macht nebenbei auch noch Spaß und aktiviert daher die Teilnehmenden. Zudem lernen sich alle Beteiligten besser kennen.

Namenskarten

Dauer: 3 Minuten

Teilnehmende: max. 15

Hilfsmittel: pro Teilnehmer eine bunte Namenskarte (z. B. Moderationskarte)

Beschreibung

Verwenden Sie für die Namensschilder der Teilnehmenden verschiedene Farben. Die Anzahl der Farben richtet sich nach der Zahl der Kleingruppen, die sich später bilden sollen. Kommt es zur Gruppeneinteilung, bitten Sie die Teilnehmenden mit den Namenskärtchen der gleichen Farbe sich zu Gruppen zusammenzufinden.

Wirkung

Wenn Sie die Namenskarten vor dem Seminar beschriften, können Sie die Gruppen bereits vorab bestimmen. Wenn die Teilnehmenden die Namenskarten selbst mit ihrem Namen versehen, werden die Gruppen per Zufall zusammengestellt. Es entsteht ein schöner, kleiner Überraschungsmoment, weil die Teilnehmenden zunächst nicht davon ausgehen, dass die Farbe der Namensschilder eine Bedeutung hat.

Die Meiers

Dauer: 10 Minuten
Anzahl der Teilnehmenden: beliebig
Hilfsmittel: pro Teilnehmer eine vorbereitete Karte

Beschreibung

Jeder Teilnehmende erhält eine Karte mit einem Familiennamen, verbunden mit der Aufgabe, seine übrigen Familienmitglieder zu finden. Was die Teilnehmenden nicht wissen: Auf jeder Karte steht der Name Meier, jedes Mal jedoch in einer anderen Schreibweise, also z. B. Meyer, Meir, Meyr, Meier, Mayr. Übrigens: Es gibt acht unterschiedliche Schreibweisen für diesen Familiennamen.

Wirkung

Dank dieser Übung entsteht ein schöner Überraschungsmoment, der viel Humor in die Gruppe bringt und somit zur Auflockerung auch und besonders in herausfordernden Themengebieten beiträgt.

Pustegruppen

Dauer: 5 Minuten

Anzahl der Teilnehmenden: max. 20

Hilfsmittel: Luftballons in unterschiedlichen Farben, Stoffsack

Beschreibung

Werfen Sie die noch leeren Luftballons in einen Stoffsack. Lassen Sie die Teilnehmenden jeweils einen Ballon ziehen. Auf Kommando werden alle Luftballons aufgeblasen und mit einem Knoten versehen. Danach werden sie in die Luft geworfen. Sie sollen sich im Raum gut verteilen. Schließlich bittet der Trainer die Teilnehmenden, sich jeweils einen Luftballon zu nehmen. Alle, die dann einen Luftballon in der gleichen Farben gewählt haben, bilden eine Gruppe.

> Nicht vergessen: Ballons können platzen. Bringen Sie daher zur Sicherheit mehr Ballons mit, als tatsächlich benötigt werden.

Geräuschmemory

Dauer: 3 Minuten
Anzahl der Teilnehmenden: max. 20

Hilfsmittel: Befüllen Sie kleine Döschen, z. B. die gelben Plastikkapseln von Überraschungseiern, mit unterschiedlichen Materialien, die möglichst laute Geräusche machen. Je nach Gruppenstärke gibt es zwei, drei oder sogar mehr gleichklingende Dosen.

Beschreibung

Präsentieren Sie die Döschen auf einem Tablett. Jeder Teilenehmende darf sich eine Dose aussuchen, um sich anschließend auf die Suche nach Teilnehmenden zu machen, die eine Dose mit dem gleichen Klang besitzen.

Wirkung

Dies ist eher eine ungewöhnliche Art der Gruppenaufteilung. Die Teilnehmenden sind in der Regel erfreut über Abwechslung und neue Vorgehensweisen. Besonders gut ist das Spiel für Seminare geeignet, in denen es um differenziertes (Zu)Hören geht. Es bietet sich aber auch dann an, wenn die Teilnehmenden offen sind für neue Erfahrungen oder einfach nur Lust darauf haben, ein bisschen Spaß miteinander zu haben.

Glücksschnur

Dauer: 3 Minuten

Anzahl der Teilnehmenden: max. 20

Hilfsmittel: pro Teilnehmer eine ca. 30 cm lange Schnur, z. B. Paketschnur

Beschreibung

Der Trainer verknotet die Schnüre am oberen Ende miteinander. Dabei geht er nach folgendem Prinzip vor:

Soll eine Gruppe mit 9 Teilnehmenden in 3 Kleingruppen zu je 3 Teilnehmenden aufgeteilt werden, werden jeweils 3 × 3 Schnüre miteinander verknotet.

Der Trainer nimmt alle Schnurpakete so in die Hand, dass die Schnüre nach unten hängen. Die Verknotungen befinden sich in der Hand des Trainers, so dass sie nicht sichtbar sind.

Jeder Teilnehmende nimmt sich jetzt das Ende einer Schnur und hält es fest. Wenn alle jeweils eine Schnur in den Händen halten, lässt der Trainer die Schnüre los. Die Teilnehmenden, deren Schnüre miteinander verknotet sind, bilden jeweils eine Gruppe.

Die Sympathie entscheidet

Dauer: 5 Minuten

Anzahl der Teilnehmenden: max. 35

Beschreibung

Das Naheliegendste wird manchmal vergessen: Selbstverständlich ist es auch möglich, dass sich Gruppen aufgrund von gegenseitiger Sympathie zusammenfinden. Kündigen Sie jedoch nicht an, dass sich die Teilnehmenden bei der Gruppenbildung von Sympathie bzw. Antipathie leiten lassen sollen. Das könnte für einige Teilnehmende unangenehm oder verletzend sein. Leiten Sie nur dahingehend an, dass alle einfach selbst entscheiden sollen, mit wem sie als nächstes in einer Gruppe zusammenarbeiten möchten.

Familienfindung

Dauer: 5 Minuten

Anzahl der Teilnehmenden: max. 30

Vorbereitung

Kleine Namenskärtchen werden mit den Namen und dem Verwandtschaftsgrad einer Fantasiefamilie beschrieben. Pro Gruppe gibt es einen Familiennamen (z. B. Maier), pro Gruppenmitglied wird ein Verwandtschaftsgrad vergeben (Onkel Maier, Vater Maier, Mutter Maier, Tochter Maier, Tante Maier). Die Familiennamen sollen möglichst ähnlich klingen, wie z. B. Maier und Bayer.

Beschreibung

Alle Namenskarten werden zusammengefaltet in einen Behälter geworfen, z. B. in einen Hut oder einen Karton. Jeder Teilnehmende zieht eine Karte, um anschließend seine Familie zu suchen.

Je ähnlicher die Namen klingen, umso lustiger wird die Aufgabe. Jede Familie bildet die Kleingruppe für die nächste Aufgabe.

Muntermacher

Krawatte

Dauer: 5 Minuten
Anzahl der Teilnehmenden: max. 20
Hilfsmittel: Pinnwand als Sichtschutz, zwei Krawatten

Beschreibung

Stellen Sie eine Pinnwand auf. Sie dient bei diesem Spiel als Sichtschutz. Fragen Sie die Teilnehmenden, wer eine Krawatte binden kann. Bitten Sie einen dieser Teilnehmenden, sich auf die eine Seite des Sichtschutzes zu stellen und geben Sie ihm eine Krawatte. Nun fragen Sie, wer gerne lernen möchte, wie man eine Krawatte bindet. Diese Person soll sich auf die andere Seite der Pinnwand stellen und erhält ebenso eine Krawatte.

Der Sichtschutz ist so platziert, dass das Publikum beide Personen, rechts und links von der Wand, sehen kann.

Die Aufgabe lautet nun: „Erklären Sie dem anderen, wie man eine Krawatte bindet, ohne dass Sie ihn sehen."

> Wichtig ist, dass sich das Publikum mit Kommentaren und/oder nonverbalen Hilfestellungen zurückhält. Dann werden alle sehr viel Spaß haben.

Dingsda

Dauer: 20 Minuten
Anzahl der Teilnehmenden: max. 20

Beschreibung

Alle stellen sich im Kreis auf. Ein Teilnehmender beginnt bei 1 an zu zählen. Reihum wird durchgezählt. Immer wenn eine Zahl eine 7 enthält oder durch eine 7 teilbar ist, muss derjenige „Dingsda" sagen. Wer einen Fehler macht, scheidet aus. Pro Runde wird das Tempo immer mehr erhöht.

Variante

Nach der 3. Runde sind alle Zahlen, die eine 5 enthalten oder die durch 5 teilbar sind, tabu. Stattdessen soll der jeweilige Teilnehmende „Da" sagen.

Wirkung

Dieses schnelle Spiel fordert die Konzentration der Teilnehmenden und holt sie aus einem Mittagstief.

Plane

Dauer: 5 Minuten
Anzahl der Teilnehmenden: 5 bis 10
Hilfsmittel: eine große Plane oder eine alte Decke

Beschreibung

Der Trainer breitet die Plane bzw. Decke auf dem Boden aus. Dann lädt er die Teilnehmenden ein, sich darauf zu stellen, und formuliert folgende Aufgabe für die Gruppe: „Bitte wenden Sie gemeinsam die Plane, ohne dass eine Person den Boden berührt bzw. die Plane verlässt."

Wirkung

Diese Übung macht den Teilnehmenden meist viel Spaß und erfordert echte Teamarbeit. Nebenbei bringt sie die Erkenntnis, dass das Wenden der Plane dann besonders gut klappt, wenn alle an einem Strang ziehen und koordiniert vorgehen.

Stühle in Balance

Dauer: 10 Minuten
Anzahl der Teilnehmenden: 10 bis 20

Beschreibung

Mit Stühlen wird ein Kreis gebildet. Zwischen den Stühlen soll ungefähr ein Abstand von 80 Zentimetern sein. Jeder Teilnehmende stellt sich hinter einen Stuhl und kippt diesen mit einer Hand soweit nach hinten, dass die vorderen Stuhlbeine in der Luft sind. Die zweite Hand legt der Teilnehmende auf den Rücken.

Im nächsten Schritt sollen die Teilnehmenden den Stuhlkreis umrunden, ohne dass ein Stuhl umkippt. Dabei darf nur die freie Hand benutzt werden, die andere bleibt auf dem Rücken. Wenn ein Stuhl umfällt, gehen alle wieder auf ihre Startposition.

Sind alle Teilnehmenden wieder an ihrem Ausgangspunkt angekommen, ist das Spiel beendet.

Wirkung

Dieses Spiel erfordert viel Konzentration von den Teilnehmenden und aktiviert gleichzeitig wegen der Bewegung, die in die Gruppe kommt.

Alle aufstehen!

Dauer: 10 Minuten
Anzahl der Teilnehmenden: beliebig

Beschreibung

Die Teilnehmenden sitzen auf ihren Stühlen. Der Trainer fragt nach bestimmten Merkmalen. Alle, auf die die jeweilige Eigenschaft zutrifft, stehen auf.

Mögliche Fragen:

- Wer hat zum Mittagessen Nudeln gegessen?
- Wer hat dunkle Strümpfe an?
- Wer ist schon länger als zwei Jahre im Unternehmen?
- Wer trägt eine Brille?
- Wer ist bisher noch nicht aufgestanden?

Versuchen Sie durch Humor und Überraschungsfragen Tempo in das Spiel zu bringen und schließen Sie mit einer Frage ab, bei der alle aufstehen müssen.

Wirkung

Dieses Spiel sorgt für viel Bewegung und bringt die Konzentration in die Runde zurück.

Variante

Diese Variante ist eine humorvolle Möglichkeit, die Teilnehmenden darum zu bitten, die Handys auszuschalten. Hier ist es genau andersherum: Bitten Sie alle Teilnehmenden aufzustehen. Danach bitten Sie sie:

- Alle, die kein Handy besitzen, setzen sich hin.
- Alle, die zwar ein Handy besitzen, es jedoch nicht dabei haben, setzen sich hin.
- Alle, die ein Handy besitzen, es dabei haben, dieses jedoch bereits ausgeschaltet haben, setzen sich hin.

Das Blinzelspiel

Dauer: 15 Minuten
Anzahl der Teilnehmenden: 10 bis 20
Hilfsmittel: vorbereitete Karten

Beschreibung

Alle Teilnehmenden sitzen in einem Kreis und ziehen verdeckt jeweils eine Karte. Auf einer Karte steht der Begriff „Blinzelmeister" Wer diese Karte zieht, hat die Aufgabe, möglichst viele Teilnehmende anzublinzeln und somit ausscheiden zu lassen, ohne selbst entdeckt zu werden. Werden Teilnehmende vom Blinzelmeister angeblinzelt, müssen sie aufstehen und den Kreis verlassen.

Das Ziel der übrigen Teilnehmenden ist es, den Blinzelmeister zu entdecken.

Wenn zwei Teilnehmende eine Vermutung haben, wer der Blinzelmeister ist, können sie ihn entlarven. Sie dürfen sich allerdings nicht miteinander absprechen. Liegen sie richtig, ist die Spielrunde beendet. Stimmt nur eine der beiden Vermutungen, braucht der wahre Blinzelmeister sich nicht zu erkennen zu geben. Die beiden, welche die Vermutung geäußert haben, scheiden aus dem Kreis aus und der Blinzelmeister darf weiter blinzeln.

Wirkung

Dieses Spiel ist ein Klassiker unter den Aktivierungsspielen, der immer sehr viel Spaß macht.

Kleine Filmsequenzen und Videos

Dauer: 2 bis 5 Minuten
Anzahl der Teilnehmenden: beliebig
Hilfsmittel: Beamer, Laptop und evt. Lautsprecher

Beschreibung

Zeigen Sie doch einfach einmal einen kleinen Film zur Aufheiterung. Humor ist immer förderlich für eine gute Lernatmosphäre. YouTube bietet eine riesige Auswahl an Videodateien. Sicherlich ist auch etwas Humorvolles dabei, das mit Ihrem Seminarthema in Zusammenhang steht.

Beispiel:

Zeigen Sie etwa kleine Sequenzen aus Loriot-Filmen, wenn es in Ihrem Seminar um Kommunikation geht.

Ein-Minuten-Achtsamkeitsübung

Dauer: 1 Minute
Anzahl der Teilnehmenden: beliebig
Hilfsmittel: evt. Musik

Beschreibung

Der Trainer bittet die Teilnehmer, sich entspannt zurückzulehnen und sich für eine Minute auf etwas Bestimmtes zu konzentrieren, z. B. darauf,

- wie der Atem die Bauchdecke langsam hebt und senkt.
- wie sich der Sekundenzeiger ihrer Uhr bewegt,
- welche Geräusche im Gebäude wahrnehmbar sind.

Wirkung

Diese Achtsamkeitsübung ist förderlich, um sich nach einer Pause erneut zu konzentrieren und wieder gut im Seminar „anzukommen".

Zudem ist es entspannend, scheinbar „nichts" zu tun. Wenn Sie es nicht übertreiben und nicht zu spirituell oder esoterisch klingen, können sich selbst Menschen, die Widerstände gegen diese Art von Übungen haben, darauf einlassen und die wohltuende Wirkung erleben.

Koffer packen

Dauer: 10 Minuten

Anzahl der Teilnehmenden: max. 20

Beschreibung

Kennen Sie das Kinderspiel „Ich packe meinen Koffer und nehme ... mit"? Diese Übung lehnt sich daran an.

Der Trainer beginnt. Er nennt seinen Namen und benennt einen Gegenstand, den er mit in das Seminar bringt. Der Name und das, was er mitbringt, sollten mit demselben Buchstaben beginnen, z. B. „Ich bin Frau Klein und bringe einen Kugelschreiber mit." Das unterstützt dabei, sich die Namen besser zu merken.

Der Nächste wiederholt Namen und Gegenstand der Vorgängerin, um dann den eigenen Namen und einen neuen Gegenstand zu benennen, z. B.: „Das ist Frau Klein, sie bringt einen Kugelschreiber mit. Ich bin Herr Ott und bringe Orangen mit." Das geht so lange weiter, bis alle an der Reihe waren.

Variante

Sie können das Spiel auch während des Seminars des Öfteren wiederholen und dabei jeweils den Schwierigkeitsgrad erhöhen:

- Sie können die Teilnehmenden während des Spiels auffordern, die Plätze zu tauschen, wodurch sich eine andere Aufzählreihenfolge ergibt.

- Sie können eine dritte Verknüpfung hinzunehmen. Die Teilnehmenden sollen dann nicht nur einen, sondern jeweils zwei Gegenstände nennen.

Wirkung

Diese Übung macht Spaß und ist sehr nützlich, wenn es darum geht, schnell und unkompliziert die Namen aller Teilnehmenden zu lernen und/oder die Konzentration der Gruppe wieder zu gewinnen.

Sprechball

Dauer: 3 bis 20 Minuten

Anzahl der Teilnehmenden: 8 bis 20

Hilfsmittel: Softball mit einem Durchmesser von ca. 15 Zentimetern

Beschreibung

Der Trainer nimmt den Ball zur Hand und erklärt den Teilnehmenden, dass dies der Sprechball ist. Derjenige, der ihn in der Hand hat, ist zum Sprechen aufgefordert. Der Trainer wirft dann den Ball einem Teilnehmenden zu.

> Legen Sie fest, ob der Ball nach dem Ende eines Redebeitrags immer wieder zu Ihnen zurückgeworfen wird oder ob sich die Teilnehmenden den Ball untereinander zuwerfen.

Wirkung

Der Sprechball ist vor allem dann äußerst hilfreich und effektiv, wenn eine von Ihnen angeregte Diskussion nicht so recht beginnen will, weil die Redebeiträge der Teilnehmenden auf sich warten lassen. Der Ball hilft auch, wenn Sie alle Teilnehmenden zur Beantwortung Ihrer Fragen motivieren wollen.

Techniken zur Wissensverankerung

Bestenliste

Dauer: 15 Minuten
Anzahl der Teilnehmenden: max. 20
Hilfsmittel: pro Teilnehmer ein Plakat

Beschreibung

Jeder Teilnehmer erstellt ein Plakat mit den zehn besten Ideen/Tipps aus dem Seminar oder Training und den drei Dingen, die er konkret umsetzen möchte.

Die fertigen Plakate werden wie in einer Vernissage ausgestellt und von den anderen Teilnehmenden begutachtet.

> Lassen Sie nicht alle Plakate vor der gesamten Gruppe präsentieren. Das dauert zu lange und strapaziert die Geduld der Teilnehmenden nur unnötig.

Variante

Die Teilnehmenden finden sich zu Kleingruppen zusammen, in denen sie ihre Arbeiten vorstellen. Das benötigt ein bisschen mehr Zeit als die Grundvariante.

Wirkung

Mithilfe der Visualisierung werden die Vorsätze, die die Teilnehmenden für sich treffen, deutlich verbindlicher, als wenn sie nur kurz angesprochen werden.

Sparringspartner

Dauer: je nach Zielsetzung (siehe unten)
Anzahl der Teilnehmenden: beliebig

Beschreibung

Lassen Sie die Teilnehmenden Partnerschaften bilden, in denen sie sich gegenseitig in der Zeit nach dem Seminar unterstützen. Die Teilnehmenden bilden dazu während des Seminars Kleingruppen à 2 oder 3 Personen. In diesen Gruppen stellen sie sich ihre Vorsätze und Ziele gegenseitig vor und vereinbaren eine konkrete und messbare Aufgabe, die sie im Hinblick auf die Vorsätze umsetzen wollen. Ihre Sparringspartner achten nach dem Seminar darauf, dass diese Vereinbarung eingehalten wird. Zudem unterstützen sich die Partner gegenseitig und geben sich Feedback.

Beispiel:

Nach einem Seminar zum Zeitmanagement: Frau Meier fotografiert ihren Schreibtisch vor dem Aufräumen mit der alten Ablage und sendet dieses Foto ihrem Sparringspartner Herrn Schulz. Wenn der Schreibtisch aufgeräumt und die neue Ablage umgesetzt ist, schickt sie Herrn Schulz noch einmal ein Foto.

Wirkung

Die „Kontrollinstanz" des Sparringspartners erhöht auf die Teilnehmenden den Druck, die neuen Impulse aus dem Seminar im Berufsalltag umzusetzen. Zudem können sich die Partner bei Schwierigkeiten austauschen und sich so gegenseitig motivieren.

Mal angenommen, Sie wären Prüfer ...

Dauer: 20 Minuten
Anzahl der Teilnehmenden: max. 20
Hilfsmittel: Moderationskarten

Beschreibung

Die Teilnehmenden werden gebeten, sich vorzustellen, sie seien Prüfer, die Fragen zum Thema zusammenstellen. Die Fragen schreiben sie gut lesbar auf Moderationskarten, die vom Trainer eingesammelt und verdeckt auf einem Tisch ausgelegt werden.

Danach werden zwei Gruppen gebildet.

Die Gruppe 1 beginnt. Sie wählt eine Moderationskarte mit einer Frage aus und stellt diese der Gruppe 2. Danach wird gewechselt, so dass alle abwechselnd in der Rolle des Prüfers oder des Auszubildenden sind.

Variante

Sie können die Anzahl der richtigen Antworten pro Gruppe zusammenzählen, um danach einen Sieger zu küren – evt. verbunden mit kleinen Siegestrophäen in Form von Stiften oder Süßigkeiten.

Wirkung

Mit dieser Übung wird das im Seminar vermittelte Wissen noch einmal spielerisch abgefragt, was zur weiteren Vertiefung der Lerninhalte führt.

Stummes Mindmapping

Dauer: 5 Minuten
Anzahl der Teilnehmenden: max. 20
Hilfsmittel: ein Plakat pro Kleingruppe

Beschreibung

Die Teilnehmenden werden in Kleingruppen à 4 bis 5 Personen aufgeteilt. Der Trainer fordert die Gruppen auf, jeweils ein großes Mind Map zum Thema zu erstellen, das z. B. folgende Fragen beantwortet:

- „Was wissen Sie über das Thema XY?"
- „Welche Inhalte haben wir heute besprochen? Woran erinnern Sie sich?"

Die Teilnehmenden sollen dabei nicht miteinander sprechen.

Wirkung

Es ist erstaunlich, wie viele Inhalte in kürzester Zeit dabei zusammengetragen werden, trotzdem die Teilnehmenden nicht miteinander reden dürfen.

Notiz to go

Dauer: 5 Minuten
Anzahl der Teilnehmenden: beliebig
Hilfsmittel: selbsthaftende Notizzettel

Beschreibung

Der Trainer verteilt am Anfang des Seminars oder Workshops selbsthaftende Notizzettel, worauf die Teilnehmenden sich im Laufe des Seminars wichtige Tipps oder Stichpunkte notieren können. Diese können sie dann nachher ganz einfach an ihrem Arbeitsplatz anheften.

Wirkung

Die Teilnehmenden werden durch diese Übung während des ganzen Seminars oder Workshops an das erinnert, was sie gerne mit in den Alltag integrieren möchten.

Lassen Sie den Notizblock mit Ihren Kontaktdaten versehen. So wird er zum schönen Give-away, mit dem Sie in Erinnerung bleiben.

Ja-Nein-Spiel

Dauer: 10 bis 20 Minuten
Anzahl der Teilnehmenden: max. 35
Hilfsmittel: jeweils eine Ja- und eine Nein-Karte pro Teilnehmer, Moderationskarten mit vorbereiteten Fragen

Beschreibung

Alle Teilnehmenden erhalten jeweils eine Ja- und eine Nein-Karte. Nun stellen Sie ihnen Fragen zum Thema, die diese jeweils per Heben der jeweiligen Karte mit Ja oder Nein beantworten. Das Spiel geht so lange, bis alle Fragen beantwortet sind.

Sie können auch zwei verschiedenfarbige Moderationskarten verteilen. Eine Farbe steht für Ja und eine für Nein.

Wirkung

Mit dieser Übung können die Teilnehmenden schnell Stellung beziehen, und der Trainer bekommt rasch ein Gesamtbild davon, wie gut die Inhalte verstanden worden sind.

Rätsel

Dauer: 20 Minuten
Anzahl der Teilnehmenden: beliebig
Hilfsmittel: Arbeitsblätter mit einem vorbereiteten Rätsel

Beschreibung

Kreuzworträtsel sind gut geeignet, um das neu erworbene Wissen auf spielerische Weise noch einmal zu vertiefen. Im Internet finden Sie kostenlose Programme und Seiten, mit denen Sie selbst Kreuzworträtsel zu beliebigen Themengebieten erstellen können (so z. B. www.xwords-generator.de).

Auch andere Rätsel sind sehr leicht zu erstellen. Dazu nehmen Sie als Lösungswort einen Schlüsselbegriff und erfinden zu jedem Buchstaben eine Rätselfrage, die von den Teilnehmenden zu beantworten ist.

Lösungswort: KUNDEN		
Lösungs-buchstabe	Lösungswort zu Fragen	Frage
K	Kommunikation	Anderes Wort für „sich miteinander verständigen"
U	Unternehmens-kultur	Art und Weise des Umgangs miteinander im Unternehmen
N	Nutzen-argumentation	Verkaufsargumente am Kunden orientiert
D	„Danke"	Bitte und ... sagen
E	Einkauf	Einsammeln von Waren
N	Nachfassen	Kundenbetreuung nach Abschluss

Gruppen-Bingo

Dauer: 20 bis 45 Minuten
Anzahl der Teilnehmenden: 15 bis 150
Hilfsmittel: Visiten- oder Namenskarten von jedem Teilnehmenden in einem Behälter

Beschreibung

Bereiten Sie 25 kurze Fragen zum Thema vor.

Beispielfragen aus einer Produktschulung:

Finden Sie eine Person, die Ihnen

- drei Vorteile des Produkts nennen kann – oder –
- die Funktionsweise des Produkts gut erklären kann – oder –
- die Unterschiede zum Produkt des Mitbewerbers benennen kann etc.

Schreiben Sie die Fragen in ein Raster mit 5 × 5 Zahlenreihen und 24 Feldern, also in jedes Feld eine Frage:

Die Teilnehmenden sollen nun Personen finden, die diese Fragen beantworten können. Der Name dieser Person wird dann in das jeweilige Quadrat gut leserlich eingefügt. Wenn alle Teilnehmenden das vorgegebene Raster vollständig ausgefüllt haben, zieht die Trainerin nach und nach Visitenkarten oder Namenskarten der Teilnehmenden. Haben diese die aufgerufenen Namen auf ihren Karten, werden sie im Raster markiert. Wer als erster eine vollständige waagrechte oder senkrechte Reihe markiert hat, weil dessen Namen schon aufgerufen wurde, ruft „Bingo!", und erhält einen Gewinn.

Sie können auch mehrere Runden spielen und einen zweiten und dritten Preis ausloben.

Wirkung

Dieses Spiel bringt viel Bewegung und Spaß und vertieft gleichzeitig das neu erworbene Wissen. Es kann auch mit einer sehr großen Gruppe durchgeführt werden.

Post für mich

Dauer: 15 Minuten
Anzahl der Teilnehmenden: beliebig
Hilfsmittel: Briefpapier und -umschläge für die Teilnehmenden, evt. vorbereitetes Arbeitsblatt

Beschreibung

Die Teilnehmenden verfassen am Ende des Seminars einen Brief an sich selbst. Sie halten darin die für sie wichtigsten Dinge des Workshops oder Seminars fest und schreiben alles das auf, was sie nicht vergessen und im Alltag umsetzen möchten. Dieser Brief kann entweder frei formuliert werden, oder Sie verwenden einen Vordruck, den die Teilnehmer dann individuell vervollständigen:

Liebe/r ...,

gut, dass du im Seminar warst, weil ...

Folgende Erkenntnisse und Inhalte waren für dich und deine Arbeitspraxis wichtig: ...

Folgendes wolltest du ganz konkret ausprobieren und umsetzen: ...

Die ersten Schritte dazu sind: ...

Was ist daraus geworden?

Ist es dir gelungen? Dann kannst du dich jetzt folgendermaßen dafür belohnen: ...

Falls es noch nicht gelungen ist, kannst du Folgendes machen:

Ich wünsche dir ...

Viele Grüße von ...

Anschließend stecken die Teilnehmenden den Brief in einen Briefumschlag, verschließen ihn und adressieren ihn an sich selbst. Die Gruppe entscheidet sich für einen geeigneten Zeitpunkt, z. B. nach vier Wochen, zu dem der Trainer alle Briefe versendet.

Wirkung

Der Brief hilft den Teilnehmenden dabei, sich nach dem Seminar noch einmal vor Augen zu führen, ob sie das Wissen daraus in die Praxis umgesetzt haben.

Ein Briefmuster zum Download finden Sie auf der „Arbeitshilfen online"-Seite zu diesem TaschenGuide, in der Rubrik „Kommunikation & Soft Skills" (www.haufe.de/arbeitshilfen; Buchcode TGA-HL12).

Nachrichten des Tages

Dauer: 20 bis 45 Minuten
Anzahl der Teilnehmenden: max. 20
Hilfsmittel: z. B. Flipchart, Pinnwand, Plakate

Beschreibung

Die Teilnehmenden werden in Kleingruppen à 4 bis 5 Personen eingeteilt. Jede Gruppe soll in 15 Minuten eine kurze Nachrichtensendung mit den wichtigsten Themen und Ergebnissen des Tages bzw. des Seminars oder Workshops zusammenstellen. Alle zur Verfügung stehenden Medien können dabei unterstützend eingesetzt werden.

Abschließend führen die Gruppen nacheinander die Nachrichten dem Plenum vor.

Wirkung

Eine Kurzzusammenfassung der Themen setzt eine nochmalige intensive Beschäftigung damit voraus. So wird das neue Wissen bei den Teilnehmenden gefestigt.

Weiterführende Links

News und fachlicher Input

www.managerseminare.de

www.3minutencoach.com

www.zeitzuleben.de

Materialien kaufen

www.ziel-tools.de

www.villa-bossanova.de

www.trainings-ideen.de

www.neuland.com

Portale für Trainer

www.weiterbildungsprofis.de

www.semigator.de

www.trainerportal.de

Stichwortverzeichnis

Impressum

Bibliografische Information der Deutschen Nationalbibliothek
Die Deutsche Nationalbibliothek verzeichnet diese Publikation in der Deutschen Nationalbibliografie; detaillierte bibliografische Daten sind im Internet über http://dnb.dnb.de abrufbar.

Print: ISBN: 978-3-648-07179-3 Bestell-Nr.: 10715-0001
ePub: ISBN: 978-3-648-07180-9 Bestell-Nr.: 10715-0100
ePDF: ISBN: 978-3-648-07181-6 Bestell-Nr.: 10715-0150

Andrea Lienhart
Seminare, Trainings und Workshops lebendig gestalten
1. Auflage 2015, Freiburg

Redaktionsanschrift: Fraunhoferstraße 5, 82152 Planegg/München
Telefon: (089) 895 17-0
Telefax: (089) 895 17-290
Internet: www.haufe.de
E-Mail: online@haufe.de
Redaktion: Jürgen Fischer
Redaktionsassistenz: Christine Rüber

Konzeption, Realisation und Lektorat: Nicole Jähnichen, www.textundwerk.de
Satz und Druck: Beltz Bad Langensalza GmbH, 99947 Bad Langensalza
Umschlag: Kienle gestaltet, Stuttgart

Die Autorin

Andrea Lienhart

arbeitet seit 1995 erfolgreich als Managementtrainerin und Coach in Deutschland, Österreich und der Schweiz für namhafte Unternehmen, Konzerne, Wirtschaftsverbände, Existenzgründer und Einzelpersönlichkeiten. Mit ihrer Traineragentur vermittelt sie weltweit Trainer/-innen und bietet Train-the-Trainer-Ausbildungen sowie maßgeschneidertes Coaching für Trainerkolleginnen und -kollegen an. Sie hält Vorträge auf Kongressen und Veranstaltungen und ist Mitglied der German Speakers Association (GSA), der Vereinigung Deutscher Spitzentrainer.

Mehr über Andrea Lienhart erfahren Sie unter www.andrea-lienhart.de

Die Autorin freut sich über Zuschriften unter info@andrea-lienhart.de

Weitere Literatur

„Aktivierungsspiele für Seminare und Workshops", von Zamyat M. Klein, 128 Seiten, EUR 7,95, ISBN 978-3-648-06520-4, Bestell-Nr.: 10705

„Spiele für Workshops und Seminare", von Susanne Beermann, Monika Schubach, Ortrud Tornow, 240 Seiten, EUR 9,95, ISBN 978-3-648-04233-5, Bestell-Nr.: 01359